乾燥地農業論
―ウィドソー『乾燥農法論』の現代的意義―

佐藤俊夫 著

九州大学出版会

はじめに

　現在の地球人口は60億人を超え，2025年には85億人，2050年には100億人に達するとする予測がある。他方，地球環境は悪化し，地球温暖化，砂漠化の進行など食料の供給条件は劣悪化する。人口の大幅な増加，対して食料供給条件の劣悪化の必然的帰結は食料不足－飢餓の発生であろう。

　このような状況の中で，ネオ・マルサス主義に基づく人口抑制（産児制限）策の採用・実施もそれなりの意味があると考えられるが，より基本的には食料増産の方向が模索されるべきと考える。食料増産に対しては，政治的・経済的システムの改革を前提とした高収量品種を中核とする技術体系である緑の革命（green revolution）の遂行なども効果的であるが，あわせて，乾燥地における農業発展も重要と思われる。乾燥地は世界の陸地の3分の1を占めており，しかも，毎年約600万ヘクタール（日本の全耕地面積以上の広さである）の農地が砂漠化しているからである。乾燥地における農地の砂漠化防止のためにも，また，乾燥地における農業の持続的発展のためにも，乾燥地に適合したいわゆる乾燥農法（dry farming）の確立が求められるべきと考える。

　乾燥農法の確立に関してわが国における砂丘地農業の展開が参考となる。周知のように，わが国における代表的な砂丘地農業地域として鳥取砂丘地（鳥取，北条，そして，弓浜各砂丘地）が挙げられるが，鳥取における砂丘地農業の発展にとって，水が制約条件であるので，畑地灌漑施設の設置などいわゆるハード面の整備が重要であったことは言うまでもない。砂丘地農業の展開を制約してきた条件として灌漑労働があるので，これが畑地灌漑―苦汗的灌水労働・ホース灌漑・スプリンクラー灌漑・ドリップ灌漑―の設置に伴い解消されることによって，砂丘地農業が発展してきたことは事実である。しかしながら，畑地灌漑の設置イコール砂丘地農業の発展とみることは早計と思われる。砂丘地においては畑地灌漑の施設化以前においても時代の経済条件を背景に綿作，桑園＝

養蚕を中心に農業が発達していた。その中で砂丘地の土地利用技術（有機物投与を通しての熟畑化，輪作，耕耘［保水のための］・肥培・水管理等）が高度に発達していたのであり，そういった技術が畑地灌漑と結びついて現在の高度集約的な農業が実現したものと考えられる。加えて，農業技術の普及制度や農協組織の整備といったいわば制度面・組織面の整備・充実－加えて，教育水準の高さも－も砂丘地農業の発展を支える大きな条件と思われる。したがって，畑地灌漑設備の設置，土地利用技術（地力維持・保水・輪作），制度的・組織的側面の整備・充実，これらが有機的に結びついてこそはじめて砂丘地農業は発展したのであり，砂丘地農業の発展要因を上記のように理解してはじめて，砂丘地農業の成果を世界各地の乾燥地農業の展開に活用することが可能になると考える。

このように，乾燥地農業の展開のためには特に鳥取県における砂丘地農業の展開を総合的に－社会経済的・制度的・組織的側面のみならず，技術的な側面も含めた－跡づけることが有益と考えるが，この種の検討は他日を待ちたい。本書ではこの方向ではなく，乾燥地農業のあり方を耕耘方法のみならず，作物（品種），家畜飼養，灌漑に到るまで総合的に把握しようとしたユタ州立大学長 J. A. ウィドソー（John Andreas Widtsoe）の主著作である J. A. Widtsoe "Dry Farming"（『乾燥農法論』）を題材としてそれの農法論的観点からの分析を通して乾燥地農業のあり方（これを論じるのが乾燥地農業論であるとする）を考察する。このことを通して，1910年の著作（発刊は1911年である）にもかかわらず，ウィドソー『乾燥農法論』は現代乾燥地農業論の展開のために少なからず意義を持っていることを明らかにしたい。

J. A. ウィドソーは "the National Cyclopedia of American Biography". vol.52（New York, 1970）によると，ノルウェーの Froyen 島で1872年1月31日に生まれ，アメリカ合衆国ユタ州ソルト・レイク・シティで1952年11月29日に死去した。

ウィドソーはユタ州 Logan にある Brigham Young College 卒業後，1891年にハーバード大学に入学し，1894年に卒業した。そしてすぐにユタ州農業単科大学（のちのユタ州立大学）附属ユタ農業試験場の化学研究員に採用された。その後，ハーバード大学の派遣特別大学院生（Parker travelling fellow）とし

てゲオルグ・アウグスト大学（この大学で修士・博士号を収得した），フンボルト大学，スイス連邦工科研究所，そしてロンドン大学で研究を続け，帰国後，上記試験場の場長，Brigham Young 大学農学部長，ユタ州立農業単科大学学長，ユタ州立大学長を歴任した。ウィドソーは研究面はいうに及ばず，大学の管理運営面にも手腕を発揮したことに加え，モルモン教会の管理母体である十二使徒委員会 (Council of Twelve Apostles) 委員として活躍し，さらに貯水・園芸・土壌保全および教育などに関する州委員会委員としても活躍した。

ウィドソーの著作 "Dry Farming" (1911) および "Irrigation and Practice" (1914)—これらはウィドソーが試験場場長であった時期に行われた研究の成果で，乾燥地開拓（下記注に示すように，ユタ州には多くの乾燥地があった）におおいに役立ったと評価されている—はその分野の基礎文献とみなされ，彼の死後もしばらく広く活用されていたと言われる。その後，乾燥農法の普及・拡大にともない，雨蝕と風蝕 (rain- and wind-erosion) が激しくなり，したがって，牧草や土壌改良の緊要なことが反省され，"Western Agriculture" (1918) が著述されたとされる（未定稿『ローマの農業と経済についての岩片磯雄先生遺稿集』より）。その他，農芸化学に関連した多数の論文のほか，モルモン教会の歴史や教義に関する著作も多い[注]。

> 注）モルモン教会とは末日聖徒イエス＝キリスト教会 (Church of Jesus Christ of Latter-day Saints) の俗称。1830年アメリカ人ジョセフ＝スミスが創立した傍系的キリスト教で，モルモン経（創立者スミスが発見したとされるアメリカ大陸の古代住民に神から与えられた旧約聖書と並ぶ経典）を経典とする。モルモン教の本拠地はユタ州にある。ユタ州は西半分はグレート・ベースン（大盆地）の乾燥地域に属し，北西部には世界最大の塩砂漠グレート・ソルト・レイク砂漠と塩湖のグレート・ソルト湖がある。不毛な土地が多いため白人の入植は遅く，B. ヤング—Brigham Young：1801-77：モルモン教会の第2代会長。彼はこの地帯の肥沃地だけではなく，広大な荒れ野や砂漠を集団による灌漑で開拓した。彼は宗教，社会，経済の最高指導者として権力を振るい，成功した—に率いられたモルモン教徒が東部での迫害を逃れて到来したのは1847年であった。彼らは州北部の乾燥した盆地で灌漑農業を興した（『平凡社世界百科事典』29巻p.42)。

本書の構成については，前半部ではウィドソーの原著を農法論の観点から検討し，それを踏まえて，乾燥地農業のあり方を考察し，後半では J. A. Widtsoe の原著 "Dry Farming—A System of Agriculture for Countries under a Low Rainfall. The Macmillan Company, New York, 1911"の邦訳（原文頁数416頁中1-315頁）を試みた。ただし，邦訳は大部にわたるため紙数の関係上写真などを割愛することに加えて，第17章以下の章節の邦訳を割愛した。ちなみに，第17章以下の章節を挙げれば，以下の通りである。すなわち，第17章（原文pp.351-381）「乾燥農法の歴史:合衆国における近代的乾燥農法の起源」ユタ州／カリフォルニア州／コロンビア・ベースン／大平原地域／H. W. キャンブル／試験場／合衆国農務省／乾燥農法会議／ジェスロ・タル―ただし，キャンブルとタルについての項目は本書第2部第10章「犂耕と休閑耕」の補注1，補注2として挿入した―，第18章（原文pp.382-398）「乾燥農法の現状」カリフォルニア州／コロンビア河ベースン／グレート・ベースン／コロラドおよびリオ・グランデ河ベースン／山岳諸州／大平原地域―以上の内容に関しては本書第1部第3節第2項（pp.14-15）で要約的に示す―／カナダ／メキシコ／ブラジル／オーストラリア／アフリカ／ロシア／トルコ／パレスチナ／中国，第19章（原文pp.399-412）「旱魃年」Barnes農場の記録1887-1906／Indian Head農場の記録1891-1909／Motherwell農場の記録1891-1909／1910年におけるユタ州の旱魃，第20章（原文pp.413-416）「Natshellにおける乾燥農法」乾燥農法である。

　なお，本書は「乾燥地農業論―ウィドソー『乾燥農法論』の現代的意義―」と題し，著書の体裁をとるものの，内容的には上述の通りウィドソーを題材とした乾燥地農業論とウィドソー『乾燥農法論』の邦訳からなっている。通常の体裁であれば，訳書とし，邦訳を中心に解説を付すことになるが，本書ではそういう体裁をとらなかった。本書では，単なる解説に留まるのではなく，それを越えたものとして，つまり，ウィドソーの著書を農法的観点から批判的に検討し，それを踏まえて乾燥地農業のあり方を論じようとしたからである。あわせて，ウィドソーの原典をも紹介したいと考えた。その理由は以下の通りである。すなわち，ウィドソーの著作は乾燥農法研究の原典であり，乾燥農法に関する「古典」であると考えるが，古典の重要な特徴は，「そのとき限りのベスト・セラーではなくて，公刊以来長い歳月の風雪に耐え，毅然として朽ちることなく，事あるごとに，人は古い原典に立ち帰って学問の本質や，研究のあり方を検討し直す，そうした対象となる著述書」という点である（岩片磯雄『西

欧古典農学の研究』緒言：養賢堂1983より）。このような「古典」にあっては，そのものの公表も重要と考える。古典というべき文献は入手しがたく，かつ読了に時間的余裕が必要となるので，読まれない場合が多いと考える。古典から発想するという認識も必要と思われるので，そのことを念頭におけば古典そのものの公表もおおいに意義あるものと考えるからである。

　本書の出版にかかわってはじめに想起することは恩師九州大学名誉教授　故岩片磯雄先生のお言葉である。鳥取大学への転任に際し，ご挨拶にお伺いしたおり，砂丘地農業の勉強をしてみたい旨お話ししたとき，地域的特性のある研究はもとより大事であるが，普遍性のある研究をすべきことを諭された。このお言葉を大事に原理面の研究を行い，そのささやかな結果が本書である。これを契機にさらに乾燥地農業に関する研究を深めていきたいと思っている。

　また，お世話になった方々にお礼申し上げます。九州大学大学院在学中，特に助手時代以来，一貫して温かくも厳しく見守っていただいたいまは亡き元九州大学農学部教授　川波剛毅先生，本書の出版を薦めていただいた九州大学大学院農学研究院教授　甲斐諭先生，同　川口雅正先生，さらに，出版事情の厳しい中，お世話いただいた九州大学出版会編集長　藤木雅幸氏にもお礼申し上げます。

　平成14年1月

湖山の研究室にて　佐　藤　俊　夫

目　次

はじめに …………………………………………………………………… i

第1部　乾燥地農業論―ウィドソー『乾燥農法論』の現代的意義―

第1節　課題と方法 ………………………………………………………… 3
第2節　乾燥農法の基本問題 ……………………………………………… 7
第3節　乾燥地における気候と土壌 ……………………………………… 9
　　第1項　乾燥地における年降雨量と月別降雨分布別地域区分 ……… 9
　　第2項　乾燥地における土壌の特徴と土壌区分 …………………… 12
第4節　ウィドソー『乾燥農法論』の農法論的検討 …………………… 16
　　第1項　播種前の土壌の準備＝貯水のための土壌の準備 ………… 16
　　第2項　作物に利用されるときまでの保水＝蒸発防止 …………… 19
　　第3項　作物の選択と播種 …………………………………………… 23
　　第4項　蒸散のコントロールと豊沃性の維持 ……………………… 28
　　第5項　圃場輪換 ……………………………………………………… 32
第5節　ウィドソー『乾燥農法論』の現代的意義―結びに代えて― … 34

第2部　J. A. ウィドソー著『乾燥農法論―少雨諸国のための農法―』

序 …………………………………………………………………………… 39
第1章　序　　論 ………………………………………………………… 41
　　　　乾燥農法の定義／乾燥農法対湿潤農法／乾燥農法の諸問題
第2章　乾燥農法の理論的基礎 ………………………………………… 45
　　　　乾物1ポンドの生産のために必要な水分量／降雨の作物生

産力（crop-producing power）

第3章　乾燥農場地域－降雨量－ ……………………………… *51*
　　　　乾燥，半乾燥，半湿潤／乾燥農場地域での降水／世界の乾燥農場地域

第4章　乾燥農場地域－一般的な気候要因－ ………………… *56*
　　　　降雨の季節分布／降雪／温度／相対湿潤性（relative humidity）／日光／風／要約／旱魃

第5章　乾燥農場土壌 …………………………………………… *64*
　　　　土壌の形成／乾燥土壌の特徴／土壌区分／土壌の判定

第6章　作物の根系 ……………………………………………… *82*
　　　　根の機能／根の種類／根の広がり／根が土壌に侵入する深さ

第7章　土壌中での貯水 ………………………………………… *90*
　　　　アルウェイ（Alway）の証明／雨水はどうなるのか／流亡／土壌構造／土壌の孔隙／吸湿水（Hygroscopic soil water）／重力水（Gravitational water）／毛細管水（capillary soil water）／各種土壌から成る圃場の毛細管水受容力（field capacity of soils for capillary water）／土壌水分の下方移動／湿った心土の重要性／雨水がどの程度まで土壌中に貯えられるのか？／休閑／貯水のための深耕／貯水のための秋季犂耕

第8章　蒸発の抑制 ……………………………………………… *111*
　　　　水蒸気（water vapor）の形成／土壌からの蒸発条件／主に地表での蒸発による損失／どのようにして土壌水が地表に到達するのか？／土壌の急速な表面乾燥の効果／かげり（shading）の効果／耕耘の効果／耕深（depth of cultiva-

　　　　　　　tion)／いつ耕耘すべきか？

第 9 章　蒸散（Transpiration）の抑制 ……………………………… *130*
　　　　　　　いかにして水が土壌から流出するのか？／吸収／作物体中
　　　　　　　での水の移動／葉の働き／蒸散／蒸散に影響を及ぼす諸条
　　　　　　　件／作物栄養と蒸散／乾物1ポンド当たりの蒸散量／蒸散
　　　　　　　を制御する方法

第10章　犂耕と休閑耕 …………………………………………… *145*
　　　　　　　補注-1：キャンブル（H. W. Campbell）について
　　　　　　　補注-2：ジェスロ・タルについて

第11章　播種と収穫 ……………………………………………… *154*
　　　　　　　発芽の条件／播種時期／播種の深さ／播種量／播種の方法
　　　　　　　／作物の管理／収穫

第12章　乾燥農場向き作物 ……………………………………… *167*
　　　　　　　適切な作物の重要性／小麦／その他の小粒穀物／トウモロ
　　　　　　　コシ／ソルガム（Sorghums）／ルーサン，別名アルファ
　　　　　　　ルファー／その他のマメ科作物／樹木と灌木／ポテト／雑

第13章　乾燥農場産作物の成分構成 …………………………… *181*
　　　　　　　各作物部分の割合／乾燥農場産作物中にある水分／作物中
　　　　　　　の栄養物質／種々の水供給によって引き起こされた変化／
　　　　　　　気候と構成成分／構成成分の違いの理由／乾燥農場産乾草，
　　　　　　　藁そして粉の栄養価／将来のニーズ

第14章　土壌豊沃性の維持 ……………………………………… *192*
　　　　　　　乾燥農場で豊沃性が持続する／乾燥農場が豊沃である理由
　　　　　　　／土壌豊沃性を維持する方法

第15章　乾燥農法のための機具 ………………………………… *203*
　　　　　　　清浄化と耕起／犂耕／土壌マルチを作り，維持すること／

　　　　　地表下鎮圧／播種／収穫／蒸気とその他の動力
第16章　灌漑と乾燥農法 ……………………………………………………… *218*
　　　　　水の不足／利用できる地表水／利用できる地下水／水のポ
　　　　　ンプ揚げ／灌漑における少量の水の利用

図 表 一 覧

第 1 図	小瓶中の穀物を生産するのに大瓶中の水が必要とされる。	48
第 2 図	アメリカ合衆国における年降雨量	52
第 3 図	合衆国の乾燥農場地域における降水の分布型	59
第 4 図	年平均日照時間数	62
第 5 図	土壌は種々の大きさの粒子の混合体である。	67
第 6 図	湿潤土壌と乾燥土壌との構造的な差異	71
第 7 図	土壌掘削錘	80
第 8 図	小麦の根	85
第 9 図	アルファルファーの根	85
第10図	テンサイの根	86
第11図	ニンジンの根	86
第12図	湿潤・乾燥条件における根系の差	88
第13図	アルウェイの実験	91
第14図	小管中を下降する水は徐々に毛細管膜として管の壁面上に広がる。	97
第15図	土壌中を降下する雨水は土壌粒子の周りの毛細管水膜に変わる。	99
第16図	秋・冬そして初春の降水が播種時に土壌中に見いだされる程度と深さ	102
第17図	乾燥地域における年降水量と蒸発量	112
第18図	耕耘は地表面に緩く乾いたマルチを作り，そのマルチが蒸発を防止する。	124
第19図	小麦の根	131
第20図	土壌への根毛の侵入	132
第21図	根毛の拡大図	133
第22図	葉面上の開いた，また，一部閉じた息継ぎ孔の図	134
第23図	近代犂の構造	205
第24図	交換できる撥土板と犂刃のある犂	206
第25図	犂床	206
第26図	乗用犂	206
第27図	ディスク犂	207

第28図	心土耕犂	207
第29図	スパイク・ツース・ハロー	208
第30図	ディスク・ハロー	209
第31図	ユタ州の乾燥農場向き除草機	210
第32図	スプリング・ツース・ハロー	210
第33図	乗用カルチベータ	211
第34図	乗用カルチベータ（ディスク型）	212
第35図	ディスク付き条播機	213
第36図	鎮圧車輪付き条播機	213

第1表	乾物1ポンドの生産に必要となる水のポンド数	46
第2表	少雨18州における乾燥・湿潤州別面積	53
第3表	世界における年降水量別地表面積割合	55
第4表	湿潤・乾燥両土壌における構成成分割合	74
第5表	土壌粒子の名称と大きさ	93
第6表	多・少量灌漑後18時間における各フィートごとの水分割合の増加	101
第7表	冬季降水の土壌への浸入の度合い	102
第8表	土壌中に貯えられた雨の割合	106
第9表	各地域における年降水量と年蒸発量	112
第10表	温度別に見た1立方フィートの空気に保持された水蒸気量	113
第11表	乾燥農場土壌における早春・盛夏時の各フィート別保水割合	118
第12表	穀作における連作・休閑後の収量比較	150
第13表	発芽温度（カ氏）	155
第14表	飽和状態の種子に含まれた水分割合	156
第15表	種々の水量が発芽率に及ぼした影響	156
第16表	繰り返された乾燥が発芽率に及ぼす影響	160
第17表	水が作物の構成成分割合へ及ぼす影響	186
第18表	地域性がクリミア小麦の構成成分に及ぼした影響	188
第19表	種々の灌漑水がエーカー当たり穀物収量に及ぼす影響	226

第 1 部

乾燥地農業論
― ウィドソー『乾燥農法論』の現代的意義 ―

第1節　課題と方法

　近年，世界的な問題として砂漠化による農地の大規模な減少が強調され，「国連環境計画機関」(United Nations Environment Program : UNEP)の推定では毎年約600万ヘクタール（これは日本の全耕地面積以上に相当する）の面積が砂漠化しており，また，一説では地球の陸地面積の35％がすでに砂漠化の危険にあるとも言われている[1]。このような地球の砂漠化の中で，その原因の追求とともに，その防止対策が種々検討されている。例えば，佐藤は砂漠化の原因は「人口の増加，社会的，経済的開発に伴う過放牧，あるいは耕地の拡大と過度の耕作，燃料用の樹木伐採など種々であるが，要するに乾燥地の脆弱な生態系の破壊であり，また，これは農業分野からみれば，農業者の土地利用および土地管理の不適切なことによる農業生態系，潜在的農業生産力の破壊」であるとし，「乾燥地の自然条件にあった適切な土地利用，土地管理」がその防止対策であるとする[2]。砂漠化防止のために，現在，わが国はじめ世界各国で各種技術の開発・実用化のために多大な研究努力が行われているが[3]，そのばあい，「適切な土地利用・土地管理」のためにはそれに向けての各個別技術の総合化が必要となる。乾燥地における「適切な土地利用・土地管理」のあり方，言い換えれば，乾燥地農業のあり方（これを論じることを乾燥地農業論と称する）ともいえるが，そのあり方についてはすでに飯沼が世界的視野において展開しているが[4]，本論では20世紀初頭に書かれた乾燥地農業論の古典ともいえる"J. A. Widtsoe: Dry Farming－A System of Agriculture for Countries under a Low Rainfall, The Macmillan Company, New York, 1911"（ウィドソー『乾燥農法論－少雨諸国のための農法』，以下，ウィドソー『乾燥農法論』と略称する）を題材にウィドソーが展開する乾燥地農業論を農法論的観点から整序し，これを踏まえてウィドソー『乾燥農法論』の現代的意義を明らかにする。ウィドソー『乾燥農法論』は1910年に書かれたものであり，21世紀の今日にあっては技術的には陳腐化した内容とも思えるかもしれないが，しかし，乾燥地農業のあり方を単に土地耕作のみならず，地力（ウィドソーは豊沃性という用語を利用しているので，以後，地力の代わりに豊沃性という用語を用いる）維持

の重要性，そのための家畜・飼料作物の導入とそのための灌漑との結びつきといったいわば総体的に理解しようとしたものであり，現代乾燥地農業論の展開のためにも十分存在意義を有するものと考える。

　ウィドソー『乾燥農法論』を農法の観点から把握しようとするとき，以下の江島の説明が参考となる。すなわち，江島は伊江島農業（沖縄県）を農法論の視角から性格規定するばあいに，それを dry farming と規定するが，その際，正しく dry farming と認識するならば，体系的耕作法が採用されなければならないとする。すなわち，上述の砂漠化防止・乾燥地農業の展開のために現在必要とされている適切な土地利用・土地管理を江島のいう dry farming＝乾燥地における体系的耕作法と理解するならば，体系的耕作法は

① 圃場基盤整備（砂丘地農業で採用されているビニール・シートの利用など），

② 栽培法（耕耘法と作物選択），そして

③ 圃場輪換

の3分野を包含するものとされる[5]。

　このように，乾燥農法について，江島は圃場基盤整備，栽培法，圃場輪換の3分野を含む体系的耕作法が重要であるとするが，これら3分野をウィドソーの著述にしたがって配置し直すと，以下の通りである。すなわち，第1に，播種前の土壌の準備＝貯水のための土壌の準備（本書第1部第4節第1項：ウィドソー原書では本書第2部第7章に相当する。以下，同様），第2に，作物に利用されるときまでの保水＝蒸発の防止（第4節第2項：原書第8章，土壌マルチの維持にかかわって第15章－この項は江島のいう圃場基盤整備に相当する－），第3に，作物選択と播種（第4節第3項：原書第11章・12章，加えて，13章），第4に，蒸散のコントロールと豊沃性の維持（第4節第4項：原書第9章・14章－上記第1，第3そして第4項は江島のいう栽培法に相当する－），そして，第5に，圃場輪換（第4節第5項：原書第10章・14章－本項は江島のいう圃場輪換に相当する－）であり，以下，これに準じて述べる。

　従来，わが国においてウィドソー『乾燥農法論』を紹介した文献には熊代[6]，山田[7]がある。熊代は中国最古の農書である『斉民要術』（BC6世紀，賈思勰撰，西山武一・熊代幸雄共訳）など多くの古農書と対比し，特に乾燥農法の基本

過程である耕起，整地，播種，中耕に限定し，ウィドソーの考えを紹介しており，また，山田は同様中国での旱地農業（山田はウィドソー原書 Dry Farming を旱地農業と訳している）についての自らの研究とウィドソーの考えとを融合したものであり，いずれもウィドソー『乾燥農法論』それ自体を対象として体系的に取り扱ってはいないと考える。

　本論にはいる前に，ウィドソーの書名"Dry Farming"の英語の語義について一言する。岩片によると，この用語は最初西部の灌漑農業地域で，水源が得られずに，灌漑せずに行った農業の意味に用いられた。ついで半乾燥地帯（岩片はこれを準乾燥地帯と称している）での穀作農業を"dry farming"と称した。だが，"dry"という用語は，降水量が少なくて乾燥する意味に用いられるべきものではなく，「雨が少なくて乾く」場合には，"arid"ないし"semi arid"を用いるのが適切であり，正しくは"agriculture in semi-arid region"のように表現すべきことは，早くから指摘されていた。このような環境に適した農法を早く研究・宣伝したのはサウス・ダコタの農民キャンブルであり，彼はこの語法を用いる。彼のあとを受けたのが本論で取り上げたユタ州立大学のウィドソーであり，彼は1911年に著作を公刊したが，その中では"dry farming"という用語は適切ではないとしつつも，書名にはこの語を用いた。この理由についてウィドソーは次のように述べる。すなわち，「現時点では，『乾燥農法』という名称はなんらかの変更をすることが賢明でないように見えるほど一般に利用されている。『乾燥』という言葉に関する限り，それが不適当な名称であるということを明確に理解して利用すべきである。しかし，dry と farming という２つの言葉をハイフンで結んだとき，『乾燥農法』という用語が得られる，そしてその用語は，我々が定義づけたようなそれ自身の意味を持つ」[8]。ウィドソーは大方はキャンブルの説を継承しているので，後述の内容との関連で，キャンブルの説をごく簡単にあげておく―キャンブルの略歴並びにキャンブルの説の概略については本書第２部第10章「犂耕と休閑耕」の補注１を参照されたい―。すなわち，キャンブルは深耕によって降雨の地下浸潤を多くし，播種層まで鎮圧して土塊をなくし，毛細管現象で上昇する地下水分のために種子の発芽・発根をしやすくし，そしてそこで毛細管現象を断ち切って，土壌水分の蒸発を防ぐためにマルチをした。そのために，彼は地表下鎮圧機（sub-soil packer）を製作・使用した[9),10),11)]。ウィドソーはキャンブル説についてその他の点は極めて高く評価しつつも，地表下15～20インチのところに鎮圧層を形成し，土壌水分がそれ以下へ沈下することを防止するという地表下鎮圧論には異を唱えた。

　また，同様に乾燥地といっても，冬雨型と夏雨型とがあり，それぞれに対応した農作業があることに注意すべきであるという研究がある。この点，飯沼の研究が重要である。飯沼は世界の農業をド・マルトンヌの年乾燥指数と夏季の乾燥指数を用いて，

①　年指数20以下で夏指数5以下の地域（乾燥・冬雨型），
②　年指数20以上で夏指数5以下の地域（湿潤・冬雨型），
③　年指数20以下で夏指数5以上の地域（乾燥・夏雨型），
④　年指数20以上で夏指数5以上の地域（湿潤・夏雨型），

の4類型に分類し，それぞれについて詳細に説明しているが，その場合，同じ乾燥地域といえども，①冬雨型と③夏雨型とがあり，それぞれに対応した農作業体系があるとする。冬雨型では「耕地が春から秋まで休閑されるその期間に，乾燥地用の犂による浅耕を繰り返すことによって地中の水分を保持する」休閑保水作業が行われ，夏雨型では「特に1年中でもっとも雨の多い夏作物の栽培期間中に，鍬による保水作業が繰り返し行われる」中耕保水作業が行われるとされる[12)]。ウィドソーにあってもアメリカの乾燥地域を降雨の月別分布を基準にして後述の5類型に区分し（第3節第1項），それぞれにふさわしい作業体系が必要であるとしている。ただ，雨の季節分布の違いに応じて，それぞれふさわしい作業体系が必要となるとするけれども，結論的には，後述するが，冬雨型の作業体系－犂耕の時期については春ではなく秋，播種時期についても春ではなく秋，清浄夏季休閑の実施－による収量の多さを指摘し，結果として冬雨型の作業体系－秋季深犂耕，秋季播種，徹底犂耕，そして，清浄夏季休閑－を評価している。

　なお，以下の記述の多くはウィドソー『乾燥農法論』からの引用によるが，そのさい，引用箇所は原書頁数ではなく，本書第2部「J. A. ウィドソー著『乾燥農法論』」各章の頁数を示している点，留意されたい。

注
1） 宮崎宏・臼井晋編著『現代の農業市場』ミネルヴァ書房，京都（1990）p.245
2） 佐藤一郎『地球砂漠化の現状』清文社，大阪（1985）pp.125-126, 169
3） 農林水産省熱帯農業研究センター『乾燥地の農業と技術』農林統計協会，東京（1989），日本砂丘学会編『世紀を拓く砂丘研究－砂丘から世界の砂漠へ』農林統計協会，東京（2000）
4） 飯沼二郎『農業革命の研究－近代農学の成立と破綻』農文協，東京（1985）pp.9-64
5） 江島一浩『亜熱帯地域における農業の展開』 農水省九農試経営部 23，熊本（1986）p.45
6） 熊代幸雄「乾地農法における東洋的と近代的命題－東洋的・園芸的農法の性格に関する一観点」宇大農学術報 1，栃木（1954）pp.1-35
7） 山田登『旱地農業概論』竹内書房，東京（1949）
8） 本書第2部, pp.41-42
9） Campbell, H. W.: Soil Culture Manual － A Complete Guide to Scientific Agriculture as Adapted to the Semi-Arid Regions. The Woodruff-Collins Press, Lincoln（1907）
10） 岩片磯雄『西欧古典農学の研究』養賢堂，東京（1983）p.124
11） 岩片磯雄『古代ギリシャの農業と経済』大明堂，東京（1988）pp.52-53
12） 飯沼二郎，前掲書, pp.9-16

第2節　乾燥農法の基本問題

　乾燥農法とはウィドソーによると，「年々20インチ（＝500mm）ないしそれ以下の降水がある土地で無灌漑で，有用作物を収益的に生産すること」をいう[1]。したがって，湿潤地域では土壌豊沃性の維持が重要であるのに対して，乾燥地域では常に比較的少ない自然の年降水の保持，つまり，いかにして自然の降水を有効に捉え（貯水），保持し（保水），そしてこれを作物生育に利用するかが根本的な問題である。とはいえ乾燥地では豊沃性問題が重要でないということではなく，後述するように，保水のためにも，蒸散の抑制のためにも豊沃性は高く保持されなければならない。したがって，豊沃性の維持・増進のための方策も乾燥農法の大きな課題となるべきである[2]。
　乾燥農法を成功的に実行するためには乾燥地に特有な気候－年降水量，その月別分布，温度そして日射など－と土壌－土壌構造や土壌の種類など－についての知識の習得がまず必要であり（この点については次節で論述する），その上で考慮すべき乾燥農法の基本問題はウィドソーによれば以下の7点に整理するこ

とができる。すなわち，

　第1は貯水の問題であり，乾燥農法では水が作物生産の制限要因であるから，いかにして自然の降水を最も有効に土壌内に浸入させ，それを根の到達範囲内に貯蔵するかという問題である（本書第2部第7章「土壌中での貯水」に相当する）。本論では，貯水の項において，降雨の土壌内への浸透を効率的に行うための作業である秋季深犂耕と休閑中の貯水の持ち越しを可能にする休閑耕に注目した。休閑耕は保水＝蒸発防止のための必須の作業でもあることは後述する。

　第2は保水の問題であり，土壌内に浸入した雨水をどのようにして作物が要求するまで確実に保水するかという問題である。

　第3は蒸発防止の問題であり，生育期間中に土壌水分は下方への放水（地下に浸潤し，ついには地下滞水に達し，そこから大洋へと流去する）あるいは地表面からの蒸発によって失われるから，土壌水分の下方放水，また，地表面からの蒸発の防止・抑制の問題である。乾燥地では制限雨量のために下方放水は問題にならないので，後者の地表面からの蒸発防止・抑制が問題である。第2の問題である保水は後述するように秋季深犂耕され，その後，休閑され，その後，秋季深犂耕・播種がなされるまでの期間，言い換えれば，休閑期間中の蒸発防止のことであり，第3の問題は秋季播種から翌年の夏季収穫にいたる作物生育中の土壌水分の蒸発防止を意味している。したがって，第2・第3の問題は第2部第8章「蒸発の抑制」に相当する。

　第4は蒸散制御の問題であり，上述のように保持された水は根から吸収され，ついには葉から蒸散して大気に戻るが，この水こそ作物にとって生理的に不可欠であるので，できるだけその量を減らし無駄のない利用が行われるように制御できないかという問題である（第2部第9章「蒸散の抑制」，第14章「土壌豊沃性の維持」に相当する）。

　第5は，上記第4の蒸散制御の問題には作物の種類や品種が関係するので，適作物・適品種の選択の問題であり，乾燥条件下での生長に適した作物・品種を選択することである（第2部第12章「乾燥農場向き作物」に相当する）。

　第6は適切な管理の問題であり，ある作物が選択されたのち，その作物に対する適切な耕耘，播種そして収穫についての熟練・知識が必要となるので，乾燥条件下で耕耘・播種・収穫についての適切な管理が行われるべきことである。

これら管理のためには乾燥地にふさわしい農機具が必要とされる（第2部第11章「播種と収穫」，第15章「乾燥農法のための機具」に相当する）。

第7は乾燥農場で生産された生産物の評価と用途の問題であり，乾燥農法によって生産された作物の成分構成は湿潤地のものと異なり，比較的栄養に富むので，それにふさわしい市場価格や用途を考慮すべきことである（第2部第13章「乾燥農場産作物の成分構成」に相当する）[3),4)]。

加えて，圃場輪換についても付言すると，ウィドソーはここで圃場輪換を基本問題として挙げていないけれども，休閑の是非をめぐって議論しているので，それはとりもなおさず圃場輪換を問題にしていると思われる。圃場輪換の問題に関しては第10章「犂耕と休閑耕」および前出第14章「土壌豊沃性の維持」が相当する。

注
1）Widtsoe, J. A.: Dry Farming—A System of Agriculture for Countries under a Low Rainfall. The Macmillan Company, New York (1911) p.3
2）山田登，前掲書，p.5
3）本書第2部，pp.43-44
4）山田登，前掲書，pp.5-6

第3節　乾燥地における気候と土壌

第1項　乾燥地における年降雨量と月別降雨分布別地域区分

乾燥農場の立地を決定づける大きな要因は降雨量である。とはいえ，降雨の分布，降雪量，土壌の保水力などその他の要因も重視すべきである。しかしながら，正確さの点では年降雨量が最適である。それで，この観点から，年降雨量10インチ以下は乾燥，10～20インチは半乾燥，20～30インチは半湿潤，そして30インチ以上は湿潤とされる。

乾燥および半乾燥地域に属する年雨量20インチないしそれ以下に属する地表面積は，本書後掲第3表「世界における年降雨量別地表面積割合（本書，p.55）によると，陸地面積の約50％を占め，20～40インチは20％，40～60インチは11％，それ以上は14％を占める。ただし，上記年降水量20インチ以下という地域

の規定は固定したものではない。驟雨性，雨量の季節的分布，風速その他の水分消散要因の如何によっては，年雨量が25～30インチの無灌漑農法地域にもまた，基本的には乾燥農法が適用されるからである。

ちなみに，アメリカ合衆国における乾燥農場地域はウィドソーによると合衆国全域の半分以上（63％）となり，18州が関係する。これらの面積は総計約12億エーカーとなり，うち①22％（2.64億エーカー）は半湿潤であり，年降雨量は20～30インチである，②61％（7.32億エーカー）は半乾燥であり，年降雨量は10～20インチである，そして③17％（2.04億エーカー）は乾燥であり，年降雨量は10インチ以下と推定されている。ただし，ウィドソーによると，もっと正確に調査すれば，10インチ以下の地域はさらに減りそうで，全体の6％程度にすぎないという[1]。

このように，現在の乾燥農法が特に考慮に入れられる半乾燥地域には7億エーカー以上の土地がある。ただし，その中で営農できない山岳地や砂漠状地を除けば6億エーカーは適切な方法によって農業用に開拓できる耕地である。灌漑は十分に発達したとしても，この地域の5％を超えて開拓できない。それ故に，合衆国で乾燥農法が引き起こす可能性は計り知れないほど大きいといえる[2],[注]。

注）UNEP資料によると，乾燥地域は世界陸地面積の37.3％，乾性半湿潤地域（乾燥の程度が穏やかではあるが，砂漠化の危険が高いこと）を加えあわせると，実に47.2％に達する。また，UNEP資料はペンマンの方法に基づくが，ペンマンは気温，湿度，風速，日射量などの気象観測値を用いて蒸発散位を推定する式を提案した。日本砂丘学会編，前掲書，p.211

ウィドソーはアメリカの乾燥地を降雨の月別分布（本書後掲第3図「合衆国の乾燥農場地域における降水の分布型」，p.59）を基準にして以下に記した5類型に区分し，それぞれにふさわしい作業体系が必要であるとしている。すなわち，

① 太平洋型：カスケードおよびシェラネバダ山脈の西の地域全域：10月から3月にかけて雨季（wet season)となり，夏には降雨がない（冬・春雨型），
② 亜太平洋型：ワシントン州東部，ネバダ州，ユタ州：同上であるが，春に向かって降水の最高点がある（冬・春雨型），
③ アリゾナ州型：アリゾナ州，ニューメキシコ州，ユタ州東部，ネバダ州

の一部：7月から8月に35％の雨量があり，5月から6月に最少雨量がある（中間型），
④　ロッキー山脈など：モンタナ州の一部，ワイオミング州，コロラド州，そしてアイダホ州の東部：4月から5月に降雨がある（春・夏雨型），
⑤　大平原型：ノース・サウス・ダコタ州，ネブラスカ州，カンサス州，オクラホマ州，テキサス州のパンハンドルなど：5・6・7月に降雨がある（春・夏雨型），

の5類型がある。以上の類型について要約的にいえば，ロッキー山脈の西側では，降雨は主に冬から春にかけてであり，夏には雨が降らない（冬雨型であるが，岩片はこの地域を夏季乾燥型としている[3]）。ロッキー山脈の東側では冬はほとんど雨が降らず，降雨は春から夏にかけてある（夏雨型であるが，岩片はこれを冬季乾燥型としている）[4]。降雨が冬か夏かによって特に清浄夏季休閑（clean summer fallow）に対する考え方に違いが生じることについては後述する（第4節第5項「圃場輪換」の項）。

乾燥地における気候条件の特徴は上述の平均10～20インチの少雨，その分布には冬・春雨型と春・夏雨型の明白な2つの型があることのほかに，乾燥農場地域全体は寒冷に対して温暖と分類される。かなり強くそして永続的な風は大平原でのみ吹くけれども，地域条件がその他の場所で強い恒常的な風の原因となる。空気は乾燥し，日光は極めて豊富である。要するに，乾燥農場地域にはほとんど降雨がない，しかも温度，風，そして日光といった気候要因は自然的に急激な蒸発を引き起こす[5]。したがって，制限雨量をいかに貯水・保水＝蒸発防止し，加えて蒸散をコントロールするかは乾燥農法の成功性のためにきわめて重要な作業であると考えられる。

注
1）　本書第2部，pp.53-54
2）　本書第2部，pp.54-55
3）　岩片磯雄，前掲書，pp.52-53
4）　本書第2部，p.58
5）　本書第2部，pp.62-63

第2項　乾燥地における土壌の特徴と土壌区分

　ついで土壌についてみると，乾燥地における土壌の重要性についてウィドソーは次のように述べている。すなわち，降雨は，乾燥農法を成功させるために重要であるが，乾燥農場の土壌ほどではない。浅い土壌で，あるいは砂礫層（gravel）で一杯の土壌では，多雨であったとしても作物の失敗は起こりうる。しかし，多くの水が貯えられ，そして根に十分な活動空間をも提供する，砂礫あるいは硬盤（hardpan）によって壊されなかった均一な構造をもつ深い土壌であれば，極めて少雨であったとしても多収が得られる。同様に，土壌が豊沃でなければ，深くまた多雨であったとしても，豊作のために頼りにならない。しかし，豊沃な土壌であれば，さほど深くないし，さほど多雨でないとしても，確実に多量の作物を成熟させることができる[1]。

　土壌に関する詳細は第2部第5章「乾燥農場土壌」に譲るが，ウィドソーによる乾燥土壌の特色のまとめによると，乾燥土壌は，それに含まれている成分割合の点で，湿潤土壌とは異なる。つまり，本書後掲第4表「湿潤・乾燥両土壌における構成成分割合」（p.74）によると，湿潤土壌と比べて乾燥土壌では，粘土含有量はより少なく，砂はより多い。粘土は物理的特性（可塑性・粘着性）とともに，水・ガス・可溶性栄養素を多く保持しているために農業的に重要であるので，粘土が少なく，砂が多い乾燥土壌では豊沃ではないと考えられがちであるが，そうではなく，豊沃性はより高い。なぜならば，乾燥土壌は湿潤諸国で粘土を生み出したのと同じ岩石から派生しており，加えて，湿潤地域では多雨により多くの土壌養分が洗脱（leaching）されてしまうからである。湿潤土壌に比べて乾燥土壌では，腐植含有量はより少ない，しかし，ある種の腐植は湿潤土壌の3.5倍も多いチッソを含んでいる。同時に，石灰はより多い，そしてそれは多様な方法で，土壌の農業的価値を改善するのに役立つ。ウィドソーによると，石灰の利点は次の通りである。すなわち，①石灰は，多くの有機物が土壌と混じり合っている湿潤気候下で，酸性条件が頻繁に現れるのを妨げる，②他の条件が好都合であるとき，石灰は，土壌豊沃性を高め維持するために重要な原因であるバクテリアの活動を活発にする，③やや複雑な化学変化によって，石灰は相対的に小割合にすぎないその他の作物栄養素，特にリン酸・カリ

ウムを作物生長のために有効なものにする、そして④石灰は有機物が土壌中でチッソの主要部分となる腐植に急速に変化することを助長する[2]。この石灰を含めて、カリウム、可溶性珪素・アルミナなどすべての重要な作物栄養素は湿潤土壌以上に多い、なぜならば上述の下方放水による可溶性物質の洗脱が制限雨量の諸州では極めて少ないからである。

さらに、湿潤土壌ではある深さに堅い粘土質の層である心土（subsoil）が存在し、それによって根や大気の土壌中への進入が困難にされるが、乾燥土壌では、土壌と心土との間に実質的な区別は何もない。本書後掲第6図「湿潤土壌と乾燥土壌との構造的な差異」（p.71）に見られるように、乾燥土壌はより深いし、より浸透性がある。それらは構造的により均一である。しかし、乾燥土壌には粘土心土の代わりに、硬盤がある。硬盤とは土壌浸入限界に形成されるカルシウム層のことで、土壌水分の上昇に対する、また、根の伸張に対する妨害となる。しかし、これは耕耘によって消失する。つまり、硬盤が存在する場合には毎年休閑が必要となるが、休閑耕によって、多量の水が土壌中に貯えられ、その結果として、硬盤が緩められ、破壊されるのである[3]。乾燥土壌の心土は10フィートないしそれ以上の深さまで表土と同様に豊沃である、加えて、豊沃性はより長く持続する。ウィドソーは乾燥土壌のこのような特徴を考慮し、「乾燥地の農業者は重ね合わせて3〜4つの農場を所有しているようだ」と述べている[4]。

乾燥農場地域の土壌は以下の5つに区分される。すなわち、
① 大平原地区：この地区にはノース・サウス・ダコタ州、ネブラスカ州、カンサス州、オクラホマ州、モンタナ州、ワイオミング州、コロラド州、ニューメキシコ州、テキサス州、ミネソタ州の一部が属し、この地区の土壌特性は極めて豊沃であり、その豊沃の持続性の点で優れている、
② コロンビア河ベースン地区：この地区にはアイダホ州、ワシントン州・オレゴン州の東3分の2が属し、その土壌特性は石灰はやや不足気味であるが、カリウムやリン酸は豊富である、
③ グレート・ベースン地区：この地区にはネバダ州、ユタ州の半分、アイダホ州、オレゴン州、カリフォルニア州南部の一部分が属し、その土壌特性は著しい深さ、均一性、石灰の豊富さであり、最も豊沃な土壌の部類に

入る，
④　コロラドおよびリオ・グランデ河ベースン地区：この地区にはユタ州南部，コロラド州の一部，ニューメキシコ州の一部，アリゾナ州，カリフォルニア州南部の一部が属し，その特性は高い土壌豊沃性であり，したがって，適切に耕耘されるならば，優れた収量が得られる，
⑤　カリフォルニア地区：この地区の土壌特性は高い豊沃性とその優れた持続力である[5]。

蛇足ながら，ウィドソー本書執筆当時の上記各地域の乾燥農法の実情につき簡単に述べておきたい（なお，この部分は本書第2部の邦訳から省略した部分の要約であるが，ウィドソー原書第18章「乾燥農法の現状」に相当する部分であり，該当箇所は原著pp.383-391である）。

前記の順序とは異なるが，まず第1にカリフォルニア地区についてみると，カリフォルニア州で乾燥農法は一世代以上にわたって確実に確立されていた。カリフォルニア州における乾燥農場の主要作物は小麦である，また，その他の穀物，根菜そして野菜も比較的少雨の下で無灌漑で栽培されている。カリフォルニア州はすべての乾燥農場地域が苦しんだ深刻な危険についての優れた事例を提供している。すなわち，豊沃なカリフォルニア州の土壌で，小麦が一世代にわたってまったく無施肥で栽培された。その結果，土壌の豊沃性がすっかり空にされてしまったので，現在，以前豊富な収量を挙げていた土壌で無灌漑で作物を収益的に生産することができなくなっている。カリフォルニア州の乾燥農場の当面の問題は，賢明でない作付けによって土壌から奪われた豊沃性の回復，換言すれば，作物によって奪われた養分の土壌への補給である。第2にコロンビア河ベースンについてみると，この地域の主要作物は小麦である。その他，穀物，ポテト，根菜および野菜も無灌漑で栽培されている。雨量が最大である地区で，多量のそして高品質の果実が無灌漑で栽培されている。少なくとも200万エーカーがこの地域で乾燥農法によって管理されている。乾燥農法はコロンビア河ベースンで十分に確立されている。乾燥農法の最も近代的な方法はこの地域の農業者によって従われている，しかし，一世代にわたって営農された土壌が未だそれらの高い生産力を保持しているように見えるので，土壌豊沃性にほとんど注意が払われなかった。しかし，疑いなく，この地域で，カリ

フォルニア州でのように，土壌豊沃性の問題は近い将来重要となるであろう。第3にグレート・ベーンスについてみると，この地域の主な作物は小麦である，しかし，トウモロコシを含むその他の穀実もまた成功的に生産されている。その他作物はかなり成功的に試みられた，しかし，商業的な規模ではなかった。台地で無灌漑でまったく成功的にブドウが栽培された。いくつかの小果樹園は人為的な水の施用を受けずにグレート・ベーンスの深い土壌で風味のよい果実を生産している。近代人によって最初の乾燥農法が恐らくグレート・ベーンスで実施されたが，未だ，現在，耕作されている地域は広くなく，恐らく40万エーカー強であろう。しかし，乾燥農法は十分に確立されている。いくつかのケースでは，40～50年以上にわたり存在していたより古い乾燥農場で土壌豊沃性が減少するなんらかの兆候もない。しかし，疑いなく，グレート・ベーンスで支配的な極めて高い豊沃性の条件下でさえ，やがて，乾燥地農業者が作物によって取り去られた豊沃性のいくらかを土壌に還元しようとする時期が来るであろう。第4にコロラドおよびリオ・グランデ河ベーンスについてみると，この乾燥地域の主な作物は小麦，トウモロコシそしてマメ類である。その他作物も少量だけそしていくらか成功的に栽培された。しかし，乾燥農法が未だこの地域でよく確立されていないが，科学原理の適用によってまもなくコロラドおよびリオ・グランデ河ベーンスの大部分で無灌漑で収益的な作物生産が可能となるであろう。最後に，大平原地域についてみると，この地域は40万平方マイルに達し，乾燥農場地域で最大の面積を占めている。乾燥農法はこの地域で十分に確立されており，作物は十分に生長している。1894年の乾燥期間に広く宣伝された失敗にもかかわらず，農場に留まり，以来，近代的な方法を利用した農業者は彼らの労働の成果を十分に得ていた。

　以上述べたように，これら5つの大土壌地域のすべてで乾燥農法が成功的に実行されていた。極端な砂漠的条件がしばしば普通一般的であり，また，降雨がわずかであるグレート・ベーンスやコロラドおよびリオ・グランデ河ベーンス地区でさえ，無灌漑で収益作物の生産が可能であることが見いだされた。とはいえ，いずれの地域においても，近い将来，豊沃性の維持・増進が問題視されることが述べられていることは注目に値する。

注
1）本書第2部, p.64
2）本書第2部, p.75
3）本書第2部, p.72
4）本書第2部, p.71
5）本書第2部, pp.77-79

第4節　ウィドソー『乾燥農法論』の農法論的検討

第1項　播種前の土壌の準備＝貯水のための土壌の準備

　乾燥農法は自然の降水の有効利用を前提とするので，まず，自然の降水，すなわち，雨のゆくえを概観しておこう。

　雨のゆくえはウィドソーによると，第1に降水の大部分は土壌に浸透せずに流亡する。乾燥農法地域ではこの流亡は深刻な損失となる。しかし，土壌の適切な耕耘（あわせて等高線耕作）によって，流亡による損失は著しく減少する。第2に，降水の一部分は土壌に浸入する，しかし，地表近くに留まり，そして急速に大気中へ蒸発して戻る。これは自然マルチ（natural mulch），あるいは，土壌マルチ（soil mulch）によって抑制されることは次項で述べる。第3に，土壌水分は作物自体からの蒸発（蒸散という）によって失われる。蒸散のコントロールについては第4項で述べる。そして第4に，一部分は土壌下層にまで浸透し，そして後にいくつかの別々の過程によってそこから除去される。このいわゆる下方放水は制限雨量地域である乾燥地域では問題にはならない[1),注]。

　　注）雨のゆくえについて岩片によると，①地上の作物体に遮られて地表に達することなく蒸発する，②流去水として土壌表面を流去し，しばしば水蝕を起こす，③地中に浸入する，④作物の葉から蒸散する，そして⑤土壌表面から蒸発する[2)]。

　自然の降水の有効利用のためには降水を流亡によって失うのではなく，土壌に貯えることが必要となる。つまり，流亡を防ぎ，貯水することが必要である。降水の流亡を防ぐためには等高線耕作を含めた土壌の適切な耕耘が必要となる。すなわち，降水は毛細管水の形で土壌に浸入し，留まる。毛細管水とは引力によって土壌粒子に膜のように張り付いた土壌水[3)]のことであり，作物が生育中

に利用する水はこの形態の水である。これは十分に耕起された土壌中にのみ存在する[4]。十分に耕耘された土壌はまた多孔であり－もちろん，多孔は耕耘によってのみならず，犁耕土壌を風雨にさらすこと，有機物の混入によって形成・維持される－，換言すれば，多くの土壌孔隙を有する。特に乾燥地にはこの孔隙が多く，最大で土壌の55%といわれる。この孔隙は土壌水分の貯えを可能にすることのみならず，根の生長や発達，土壌への大気の流入などのためにも役立つ。このように，適切な犁耕や耕耘によって，土壌上部が緩く多孔であるならば，降水は，風や太陽に左右されることなく，すばやく土壌に染みこむ。この一時的な貯えから，水は重力に従い，土壌の下層にまでゆっくりと沈下し，そしてそこで作物が必要とするまで永久に貯えられる[5]。このように，貯水のためには十分な耕耘が必要となる。そこで，土壌の適切な耕耘についてウィドソーの言葉によると，適切な深さに，適切な時期に犁耕することが必要だとする。

まず，適切な時期についてみよう。犁耕の時期については春季と秋季の2つが考えられるが，ウィドソーは秋季犁耕を推奨する。犁耕の適切な時期を秋季とする理由として次の3つが指摘されている。すなわち，

第1に作物の収穫後，土壌は直ちに撹拌されなければならない，というのは，土壌は，冬が穏やかであるか厳しいかは別にして，十分な風化作用にさらされるからである。もしなんらかの理由で犁耕を早期に行うことができなければ，収穫後ディスクで耕起され，その後，時機をみて，犁耕することはしばしば有益となる。秋季犁耕によって促進された風化作用の結果としての土壌に対する化学的効果は，それ自体秋季犁耕の一般的な実行という教訓を正当化するほど大きい。つまり，十分な風化作用によって作物栄養が土壌から遊離し，土壌の豊沃性が高まると考えられるからである。

第2に土壌の早期撹拌によって土壌マルチが形成されるので，晩夏から秋季に，土壌水分の蒸発が防止される。そして，

第3に秋，冬，ないし早春に降水の多くがある乾燥農場地域では，秋季犁耕によって土壌が膨軟にされるので，降水の多くが土壌に浸入し，そこで作物が必要とするまで貯えられる。

また，多くの試験場で初秋に行われた犁耕と晩秋あるいは春に行われた犁耕

とが比較された。その結果，例外なく，初秋犂耕がより水分保持的であり，そして冬季の風雨によって膨軟にされる，また，雪解け水をより均一に配分するといったその他の点でも有益であることが発見された。この秋季犂耕に対しては乾燥のためうまく耕起できない，また，乾燥した大きな土塊が土壌の物理条件を害するなどという異議があるが，そうではあるけれども，秋季犂耕のメリットはその異議以上にあると考えられている。

秋季犂耕以後，土地は，春雨を土壌に容易に浸入し，また，すでに貯えられていた水の蒸発を防止するために，初春にディスク・ハローあるいは同様な機具で十分に攪拌されなければならない。雨が豊富であり，犂耕地がしばしばの雨に打ち付けられたところで，土地は再び春に犂耕されるべきであった。そうでなければ，春に行われるディスクやハローによる土壌管理で十分である[6]。

ついで，犂耕の適切な深さについてみよう。犂耕は深くかつ徹底して行われるべきであり，それで降水は，太陽あるいは風の作用を受けることなく，直ちに十分深い，緩い，スポンジ状の犂耕土壌にまで引き下げられる。このようにして捕捉された水分は土壌のより下層へとゆっくりと移動する。深犂耕は常に乾燥農法の成功のために推奨されるべきである[7]。乾燥地域では前述したように心土と土壌とが区別されないので，深耕が無難に推奨される。深耕とは地表下6～10インチ深（約15～25cm）までの土壌の攪拌ないし反転を意味する。いうまでもなく乾燥地農場者にとって土壌の十分な水受容力（water-capacity）の確保は重要なことであるが，それは適切な犂耕や耕耘によって得られる，つまり，それらによって，土壌上部が緩く多孔となるので，降水はすばやく土壌に浸入できる。そして，水は，重力に従い，より深い土壌にまで徐々に沈下し，そこで作物が必要とするまで永久に貯えられる。この水の下方沈下も耕耘によって促進されるので，犂耕は深くかつ徹底的に行われるべきである。したがって，乾燥農法の成功のために深耕が推奨されるのである。

深耕は心土耕（subsoiling）として行われるべきとウィドソーは提唱する。心土耕によって，水のよりよい貯蔵庫が得られ，その結果，乾燥農法がより確実となるからである。この心土耕は1つは通常の撥土板付犂によって行われる，そしてそれは犂き溝で利用され（犂き溝に犂を入れて耕耘すること），かくして，土壌をかなりの深さにまで反転する，あるいは，ある形態の心土耕犂（本書

p.207第28図参照）によって行われる。しかし，心土耕は高費用のために一般には行われていないとされる[8]。

深耕に対しては地表近くで養分・水分を摂取している根に害を与えがちであるという危険性が提起されるが，しかし，このことは乾燥農法地域では問題にならないと考えられる。というのは乾燥農法地域では作物は地中深く根を伸ばし，養水分を吸収できるからである。作物根の土壌への浸入の深さに一言すると，乾燥農法地域においては作物の根は考えられた以上に深くまで浸入する。灌漑地域でのノーマルな根の深さは3〜8フィートといわれるが，乾燥地域ならば，根がかなりの深さまで比較的容易に浸入できる。例えば，乾燥州であるユタ州では，作物根は10フィート深にまで浸入している。乾燥地域では土壌は多孔であり，そのために大気は深くまで浸入し，そのために根の発達が促されるからである[9]。

加えて，貯水されたものが作物に利用されるまで保持されることが必要となる。つまり，保水の重要性であるが，これは休閑耕，特に雑草は養分・水分の略奪者であるので，雑草を防除するための清浄夏季休閑耕が必要となる。この点については次項で述べる。ただ，休閑耕の利益の1つは土壌水分を増すことであることに注意すべきである。

注
1） 本書第2部, pp.92,130
2） 岩片磯雄，前掲書，p.98
3） 本書第2部, p.97
4） 本書第2部, p.95
5） 本書第2部, pp.94-96
6） 本書第2部, pp.109-110
7） 本書第2部, p.108
8） 本書第2部, pp.206-207
9） 本書第2部, pp.86-87

第2項　作物に利用されるときまでの保水＝蒸発防止

貯水は秋，冬，あるいは前年の雨の有効利用の第一歩にすぎない。蒸発という大敵があるからである。したがって，保水の重要性，換言すれば，蒸発の防

止が問題となる[1]。

　保水ないし蒸発防止を問題にする場合，留意すべきことは，秋季犂耕後，休閑され，その後，秋播きされるまでの間の蒸発防止，つまり，休閑期間中の保水と秋播き，翌年，夏に収穫するまでの間の蒸発の抑制，つまり，作物生育中の保水とがあるが，基本的には自然マルチによる蒸発防止とそのための耕耘であり，作物の有無はあるが，同じことと理解し，本項では一括して述べることにしたい。ただ，生育期間中の保水の場合，作物が生育中であるので，中耕（耕耘）による土壌マルチの維持が必要となり，そのために条播・条播機が必要となる。条播・条播機の利用については次項で述べる。

　秋季深犂耕によって適切に準備された土壌に降る自然の降水は土壌中に貯水されるけれども，特に乾燥地では温度の上昇，大気の動きないし風の強まり，そして相対湿潤性（飽和のために必要とされた水蒸気の量割合のこと，換言すれば，乾燥度合を意味する）の減少のために地表面から失われることが多い。このことは蒸発と呼ばれるが，乾燥地域は湿潤地域に比べて温度は高く，相対湿潤性は低く，風は強いので，蒸発しやすい条件下にある。したがって，この蒸発をいかに防止するかが乾燥地農業の成功性を左右する大問題である。そこで，蒸発防止策についてみることにしたい[2]。

　蒸発の防止策には，深く貯水するための深耕や心土耕の実施（深く貯水されることによる蒸発防止），また，豊沃な土壌でその土壌水分中に多量の塩類が溶解しているばあいに蒸発は減少するので，土壌を肥沃にするための休閑耕や耕耘（cultivation：早急な表土乾燥のために表土を膨軟にし，毛細管を切ることを耕耘と呼ぶ），さらに徹底した犂耕や施肥などとともに，土壌マルチや人工マルチ（刈り株によるかげりや敷藁もこの一種と考えられる）がある。

　このように蒸発防止策としては種々あるけれども，基本は土壌マルチであると考えられるので（『ローマの農業と経済についての岩片磯雄先生遺稿集』によると，キャンブルは地表は常時マルチすることによって，土壌水分の蒸発を抑えると述べている），土壌マルチについてみる。ただ土壌マルチは自然の状態のもとで形成された自然マルチの人為形態と考えられるので，土壌マルチの原理は自然マルチの検討から明らかとなる。それで自然マルチについてみることにする。すなわち，自然マルチとは著しく乾燥した条件のもとで，土壌が自らを乾燥から保護

するために形成した地表の層のことである[3]。すなわち，乾燥の進行につれて，ある点で，水の毛細管運動がまったく中断する。これは吸湿水（熱して高温にしなければ自然物質から除去することができない，自然対象に属する水）[4]以上の水分（乾燥地では毛細管水のことである）が残らないときである。事実，非常に乾燥した土壌と水は互いに反発する。このことは夏に，わずかの降雨の直後，道路をドライブする通常の経験の中に見られることである。ゴミの塊の外側だけが湿っている，そして車輪がその上を通過するとき，中から乾いたゴミが現れることによって示される[5]。極めて乾いた土壌が水の毛細管運動に対して極めて効果的に保護することは重要な事実である。つまり，著しい乾燥条件下で，土壌は地表での自然マルチの形成によって自動的に自らを乾燥から保護するのである。

蒸発の激しい場合には自然状態の土壌でも自然マルチが形成され，それ以上の蒸発が自動的に停止するが，マルチの形成は土壌の種類によっても難易があり，また，その形成は蒸発の速度が下層水分の上昇速度より早いばあいに限られる。下層水分の上昇量はその上昇速度と上昇通路の多少，すなわち，上下土粒の接触点の多少によって決定される。上昇速度は水膜の厚さ，土粒の性質その他によって決定されるが，接触点の多少，すなわち，表層と下層土壌との毛細管の多少は耕耘などによって容易に変化する。耕耘によって下層土壌から表層にいたる水の通路を遮断するか，あるいは著しく少なくすれば，自然状態では蒸発より下層土壌からの水分補給の方が速く，そのため表土の乾燥が起こりにくいばあいでも，早急に表土を乾燥させられる[6]。犂耕，ハローなどによる徹底的な攪拌によって土壌マルチが形成される。

蒸発を防がなければならない時期は土壌が最も湿ったときである。すなわち，春季犂耕は，蒸発防止のための土壌マルチを形成するための優れた慣行である。春季犂耕地はディスク・ハローによって緩い土壌マルチが形成され，そのマルチは水分保持に効果があると同時に，ハローによる間引きによる水分節約，つまり，残った作物の利用水量を増やすといった効用がある。

生育期間（growing season：作物が生育している時期のことではなく，作物が生育することができる期間という意味である）の進行につれ，土壌水分を蒸発させるべく3原因が結合する。すなわち，第1に，春のいくらか湿った条件下で，土壌が固くなると，土壌のより下層との毛細管結合が復活し，水が逃げやすくなる

ので，土壌マルチが固くなるとすぐにディスクないしハローで土壌が緩められるべきであった。第2に，春から夏にかけて降る雨すべては土壌中の貯水と結びつきやすい。事実，晩春から夏にかけて降る雨は耕耘などによって多くの水分を貯えるように管理された乾燥農場にとって不利益になることもある。ほんのわずかの雨が地表下数フィートの土壌層にある水分をすばやく吸い上げることが繰り返し明らかにされた。雨のない夏は，豊沃で水分を含む土壌を有する乾燥地農業者にとって，恐れられはしない。春から夏にかけての雨の後の極めて早い時期に，蒸発防止のために表土が十分に撹拌されていなければならない。第3に，夏季休閑地で，雑草は春に精力的に伸び始め，そして伸びるに任せられるならば，1作の小麦あるいはトウモロコシに匹敵するくらい多くの土壌水分を吸収する。したがって，乾燥地農業者は土地に雑草を生やすべきではない。耕耘は犂ないしディスクによって継続して行われるべきであり，そしてそれによって雑草を根絶やしにする。このように土壌水分の保持は表土の精力的な，絶え間ない，継続的な撹拌，つまり，土壌マルチの継続的な形成に依存する。ウィドソーによると，耕耘，耕耘そしてより多くの耕耘が乾燥地気候の水泥棒と闘う乾燥地農業者の鬨の声であると耕耘の重要性を指摘する[7]。

また，人工マルチ（artificial mulches）について付言すると[8]，人工マルチは地面に藁などを敷くことによって行われるが，これは蒸発の抑制に効果がある。敷藁による蒸発量の減少は エバマイヤー（Ebermayer）をはじめ多くの研究者によって確認された。エバマイヤーによると，藁を地面に広げることによって蒸発は22％も減少した。しかし，大面積を有する近代乾燥農場において人工マルチは広範な実践とはなりえないとしつつも，この原理を心に留めておくことは大切なことであるというウィドソーの指摘は注目に値する。のちのビニール・シートあるいは現在の再生紙マルチの端緒とも考えられるからである。

注
1) 本書第2部，p.111
2) 本書第2部，p.114
3) 本書第2部，p.122
4) 本書第2部，p.95
5) 本書第2部，p.121
6) 山田登，前掲書，p.56
7) 本書第2部，pp.127-129

8) 本書第2部，p.125

第3項　作物の選択と播種

　乾燥地農業者にとって乾燥農法の成功のために適作物の選択や播種の問題がいかに重要であるかについてウィドソーは乾燥地農業者の仕事は土壌が深犂耕，耕耘そして休閑耕によって，作物の播種のために適切に準備されたとき，そのとき半分なされたにすぎず，同様に重要な作業として，作物の選択，適切な播種そして適切な管理や収穫があると強調する[1]。それで，ここでは主として作物・品種の選択と播種について述べ，加えて，収穫法についても一言する。あわせて，播種，収穫との関連で，乾燥農場に備えられなければならない農機具についても付言する。

　まず第1に，作物，特に品種の選択についてみよう。一般に湿潤地域で栽培された作物が乾燥地域でも栽培されるが，確実な収穫のためには乾燥農場に普通一般的な条件に特に適した品種が利用されるべきである[2]。作物には環境に対する驚くべき適応力があり，そしてこの力は，作物が数世紀にわたって一定の条件のもとで継続的に栽培されるとより強くなる。したがって，長期にわたる豊富な雨のある湿潤地域で育てられた作物はこのような条件下でよく成長するが，もし土壌が深く，暑い，雨の降らない諸国で栽培されたならば，通常，枯死するか，せいぜい不十分にしか生長しない。だが，このような作物は毎年乾燥条件下で栽培されると，暖かさや乾燥に慣れ，やがて湿潤地にあったときとほとんど同様に生長する。多収を期待する乾燥地農業者は数世代にわたる育種を通して彼の農場で普通一般的である条件に適応する作物品種を確保するためにあらゆる注意を払わなければならない。したがって，自家製の種子は最高の価値があるし，また，科学的方法による新品種の育種も重要である。さらに，乾燥農法の実践地域は少雨という点ではすべて同じであるが，土壌，風，平均温度そして冬の厳しさといった作物生長に影響する条件の点では大きく異なるので，品種を推奨するばあいには，種々の地域での試作がまずもって必要となる。現在，我々は乾燥農場のために最少量の水で最大量の乾物を生産する作物をもたなければならず，また，それらの生育期間ができるだけ最短でなければ

ならないとだけ言いうる[3)]。

　このような考え方のもとで乾燥地農業に適した種々の作物・品種が本書第2部第12章「乾燥農場向き作物」で説明されている。ウィドソーに依りつつ簡単にみると，小麦は主な乾燥農場向き作物であり，将来的にもその優位性を保持する。小麦は最も一般に利用された穀類であるのみならず，世界的には小麦生産はますます乾燥農法地域に依存しつつある。一般に，乾燥・半乾燥地域で，費用のかかる灌漑地で果実，野菜，サトウキビなどの集約作物が栽培され，他方，小麦，トウモロコシなど穀物や飼料が粗放作物として非灌漑ないし乾燥農場で栽培されるべきであった。半乾燥地での小麦作物の現在および将来の重要性を考慮すると，種々の乾燥農場条件を最良に満たす品種の確保はきわめて重要なことである。その他，小粒穀物としてエン麦，大麦，ライ麦があるが，特に，ライ麦は最も確実な乾燥農場向き作物であり，多量の藁と穀物とを生じる，そしてその双方は価値ある家畜飼料となる。乾燥農場向き作物中，トウモロコシは極端な乾燥条件下で最も成功的な作物である。きわめて乾燥した年に，トウモロコシは実取りとしては必ずしも収益的な収量を生産するとはかぎらないが，実と茎葉とを合わせたトウモロコシ全体を飼料にすれば，その収量によって費用を支払って十分に余りがあり，また，湿潤な年には十分な収量が得られる。しかし，乾燥農法地域はいまだ乾燥農場向き作物としてトウモロコシの価値を認識していないが，これらの事実は乾燥農場におけるトウモロコシの栽培面積が急速に増加し，やがて小麦に迫ることを予想させる。また，ソルガムは乾燥農場向き作物として一般に知られていないが，乾燥条件下で優れた収量をあげる作物である。ソルガムは合衆国で半世紀以上前から知られていたが，その旱魃抵抗力が喚起されたのは乾燥農法が展開しはじめてからのことであった。アルファルファー（別名ルーサン）はいま灌漑地区だけでなく湿潤地域でも好ましい作物として認識されており，それで，まもなく合衆国の主要乾草となるであろう。アルファルファーは大気中からチッソを集めるので，優れた肥料となる。乾燥地域で土壌豊沃性の問題はますます重要になると思われるが，そのばあい，土地改良者としてのアルファルファーの価値は今日以上に明白となる。マメ科作物はそれ自体価値ある作物栄養であるチッソに富み，また，土壌豊沃性の維持のために利用されるチッソを大気中から集める力を有するために重要

である。したがって，乾燥農法は適切なマメ科作物が発見されそして作付方式に組み込まれるまで，確実な農作業慣行とはならないほどである(注)。近年，ポテトも注目され，12インチ強の雨量のもとでの試作によると，比較的多くの収量が得られた。今日，乾燥農場でポテト栽培は重要な部門になりつつある。ポテトは，夏季休閑耕が好ましくないと思われるところで，輪作利用によく適応させられる4)。

注）ウィドソーは『西部農業論』でマメ科作物その他各種作物の導入についても論究した。他方，ユタ州農業試験場では，各種の調査を行うとともに，長期にわたる圃場試験を継続し，その結果は1930年に，さらに1954年に再度発表された。それらによると，マメ科作物を導入しても，その後の小麦収量は休閑跡地よりはるかに低い。その主な理由は，休閑地を深耕・マルチした場合に比べて，マメ科作物の栽培によって土壌水分が多く失われてしまうからである。およそ以上の理由から，半乾燥地帯では，マメ科作物の導入は休閑に代置しうるものでないことが明らかである（『未定稿：ローマの農業と経済についての岩片磯雄先生遺稿集』）。ウィドソーの上記の記述はマメ科作物を高く評価しているようであるが，制限雨量の地域ではマメ科作物が休閑に完全に代置することができないことをウィドソーも強調していることは後述する通りである。

以上のような作物・品種が選択されるあるいは選択されるべきであるとウィドソーは述べるが，これらの中でライ麦，トウモロコシ，ソルガム，アルファルファーなど飼料作物の存在が注目される。飼料作物は輪作を実現すると同時に，家畜と結合し，豊沃性の維持に貢献するからである。加えて，乾燥農場地域で生産された生産物の質についても一言したい。この点の詳細は本書第2部第13章「乾燥農場産作物の成分構成」に譲らざるをえないが，ごく簡単に見ると，乾燥農場での作物のエーカー当たりの収量は少ないけれども，①藁に対する種子の割合は高く，作物の各部分での栄養物割合も高い，例えば，エン麦の栄養物割合を見ると，ウィスコンシン州（湿潤州）67.24％に対しモンタナ州（乾燥州）では71.51％であった，②作物の水分含量はより少ない，例えば，ユタ州の小麦100万ブッシェルは湿潤地域の102万5,000ブッシェルに相当する（乾燥・湿潤両地域の水分含量の差は2.5％であるので），そして，③乾燥農場産作物は，市場評価が高く，高価格に売れる蛋白質は多いが，脂肪・糖などは少ない，例えば，ロザムステッドでの実験によると，大麦蛋白質は湿潤年9.81％に対し，乾燥年では12.99％であった，といった特性を持つ。要するに，乾

燥農場産作物の質は湿潤地域の作物よりも優れており，市場で高く評価されるべきであり，そのためには大面積での生産－市場での量的優位を占めることによる価格形成力の強化のために－が奨励される[5]。

第2に，播種についてみると，貯水・保水の項で見たように，秋季深犂耕，耕耘，休閑耕などの土壌管理によって，第1級の播種床が保証されるが，少雨のもとで十分な発芽や根系の発達を促すような播種時期を選択することは困難であるので，播種は乾燥地農業者にとって重要な問題である[6]。

まず，①播種時期についてみると，乾燥地農業者にとって第1の問題は春播き対秋播きである。結論的にいえば，秋播きが好ましい。その理由は以下の通りである。すなわち，第1に，十分な発芽は土壌の豊沃性，特にチッソの豊富な存在によって促進される。夏季休閑地で，チッソは，種子の急速な発芽を刺激し，幼作物の活発な生長を刺激する用意をする秋に，つねに豊富にあることが発見される。晩秋や冬季にチッソは少なくとも一部分失われてしまうので，豊沃性の観点から春は発芽のために秋ほど好都合ではない。さらに，第2に，秋播きの穀実は温度がふさわしくなるとすぐに，また，農業者が早春に農作業を始める前に十分な根系を作り出すので，その結果，作物は春播きならば大気中に蒸発してしまう早春の水分を十分に利用することができる。秋播きは大部分の降水が冬から春にかけてあるところで，また，冬がしばらく雪に覆われ，夏が乾燥しているところで好ましい。このように，条件が好都合であれば，秋播きは実践されるべきであった，というのはそれは水保持の最良の原理と調和しているからである。降水が主として夏季の地域でさえ，収量的には秋播きが好ましいことが発見される。ただ，秋播きといっても，その時期を決めることは難しい。秋の降水量や初秋の降霜時期の違いによって，播種時期は変化するからである。秋播きの適期は9月初旬から10月中旬とされるが，作物はこれより早すぎても生長しすぎて霜の害を受けやすく，また，遅くても寒さに負けてしまうという問題がある[7]。

②播種される深さについてみると，作物にとっては深いほど安全である。安全な播種深は土壌の性質，豊沃性，物理的条件，そして水分含量に依存するが，乾燥農場条件下で4インチ（約10cm）が最も適切な深さであるといわれる。乾燥農法が実践される少降水の下で，深播きは，つねに安全である，というのは

乾燥地でのこのような深播きは乾燥農法の成功のために必要となる根系を発達させ，強化するからである[8]。

　③播種量についてみると，播種量は土壌が豊沃であればあるほど，また，土壌中の水が多ければ多いほど多量の種子が播かれ，逆に，豊沃性あるいは水の減少につれ，播種量は減る。乾燥条件下では豊沃性は良好であるが，水分は少ないので，乾燥農場では一般に，薄播きが実践される。厚播きをすると，当然のことながら発芽には水分が必要となるので，より多くの水分が要請され，土壌水分が減少する，その結果，その後の作物の生長が害される。年雨量約15インチの乾燥地域では一般に湿潤地域の播種量の半分強の種子が利用された。すなわち，湿潤地域でエーカー当たり5ペック（1ペック＝0.57リットル）の小麦種子に対して，乾燥地域での播種量は約2～3ペックであった[9]。

　最後に，④播種法については，乾燥農場では種子は条播機で条播されるべきであった。条播機の利益は明白であり，それは種子を均一に播種するので，制限雨量地域で成功するためには不可欠の機械である。種子は，種子が適切な発芽のためにすでに土壌中に貯えられた水分に依存するところで，特に秋播きのばあいに必要となる均一な深さに播かれるべきである。したがって，乾燥条件下で時として必要とされる深い播種のために条播機は不可欠となり，条播栽培は成功が期待されるならば認められる唯一の播種法といえる[10]。条播機利用についてふれると，条播機は本書後掲第15章の第35・36図（p.213）に示されるが，条播機には，種子が畦間に落ち込むように取り付けられたチューブの中に種子が入れられている。条播機それ自体は溝切りと被覆装置によって特徴づけられている。播種溝は小型の耨（じょく：hoe）あるいはいわゆるシュー（shoe：物体の先端にはめる金具）ないし円盤によって切られる。種子は，このようにして作られた播種溝に落とされ，そして，機械後部のある装置によって覆土される。この場合，当時の条播機には，大変軽い車輪が各溝に対して1つ当て付けられていた，そしてそれによって土壌は軽く鎮圧され，種子と密着させられるのである[11]。

　最後に収穫について述べると，収穫において，条件が許すところはどこでも，穂刈機が利用されるし，また，利用されるべきであった。穂刈機は穀物の穂を切り落とす，そして，その穂は脱穀機に送られる，そして，脱穀された穀物が

詰まった袋は機械の通路に沿って落とされる，他方，藁は地面にまき散らされている。したがって，穂刈機の利用は取り扱いの簡単さに加え，残された高い刈り株がかげり＝蒸発防止に役立ち，また，犁き込まれ，結果として土壌豊沃性に貢献するなどといった点で大きく評価される[12]。メリル教授によると，上記の条播機，穂刈機（収穫機）に加え，犁，ディスク，スムースィング・ハロー，草刈機が乾燥農場で装備されるべき一揃いの農機具であるとされる[13]。

注
1） 本書第2部，p.167
2） 本書第2部，p.167
3） 本書第2部，pp.167-168
4） 本書第2部，pp.168-180
5） 本書第2部，pp.182-185
6） 本書第2部，p.154
7） 本書第2部，pp.157-160
8） 本書第2部，pp.181
9） 本書第2部，pp.162-163
10） 本書第2部，pp.163-164
11） 本書第2部，pp.213-214
12） 本書第2部，pp.165-166
13） 本書第2部，p.217

第4項　蒸散のコントロールと豊沃性の維持

　土壌に浸入した水，つまり，土壌水は土壌表面からの蒸発に加えて，作物自体からの蒸発によって失われる。この損失源は，乾燥農法が適切に実施されている地域で，下方放出か直接的蒸発かいずれかによって生じる損失以上にはるかに大きい。十分に犁耕された土壌から直接に蒸発する量と比べて1.5〜3倍多い量が作物から蒸発する。したがって，蒸散，あるいは，作物自体－具体的には葉にある気孔－からの水の蒸発，そしてその損失を制御する手段は乾燥地農業者にとって最も重要な課題である[1]。

　蒸散の作物生長への影響は，ウィドソーによると，
　① 蒸散は作物生長に必要な無機質栄養が作物体中に均一に配分される手助けをする，

② 蒸散は葉の活発な炭酸同化作用を助ける，
③ 水の蒸発に必要な熱が作物それ自体のオーバーヒートを防ぐ役割をする，
④ 蒸散はまだ十分に理解されていなかった多くの方法で作物生長や発達に影響を与える，

である[2]。

乾燥地農業ではこのように作物生長に大きく影響する蒸散の適切な制御が必要となるが，その場合，蒸散を規定する要因としてウィドソーは以下の10点を挙げる。すなわち，

第1に蒸散は相対湿潤性によって左右される。大気が乾燥しているとき，その他の条件が同じであるならば，作物は湿った大気の場合以上に多くの水を蒸散する。

第2に蒸散は温度の上昇とともに増加する。すなわち，その他の条件が同じであるならば，蒸散は寒い日よりも暖かい日により急速である。

第3に蒸散は大気の流れの増加とともに増加する。すなわち，風のある日に蒸散は，静かな日よりもかなり急速である。

第4に蒸散は直射日光の増加とともに増える。相対湿潤性，温度そして風が同じであったとしても，蒸散は夜間最少にまで減り，そして，直射日光が有効となる日中に数倍に増加する。

第5に蒸散は作物の栄養剤として必要な土壌水中にある多量の物質によって減らされる。

第6に作物に対するどんな機械的な振動も蒸散に対してある効果がある。このような機械的な妨害によって，ある時には蒸散は増加し，ある時には減る。

第7に蒸散は作物の生長とともに変動する。幼作物の場合，それは比較的小さい。開花直前にそれは極めてより大きくなり，そして，開花時に，作物生育過程上最大となる。作物が成熟に向かうにつれて，蒸散は減少する，そして，ついに成熟段階でほとんど停止する。

第8に蒸散は作物によって大きく異なる。作物すべてが土壌から水を同じ率で吸収するとは限らない。さらに，同じ作物でも異なった条件下で育てられたならば，蒸散の率は異なる。同種作物でも品種が異なれば，蒸散の率は大きく異なる。

第9に作物の生長力は蒸散に対して強力な影響を及ぼす。同じ条件下で最も活発に生長する作物は反比例して最も少量の水を利用しがちである。

最後に根系－生長する深さと広がり－は蒸散の率に影響を及ぼす。根系がより活発で広がれば広がるほど，ますます急速に水は土壌から作物体へと吸収される[3]。

蒸散は水不足の地域での作物生産にとって最も重要な課題の1つであるが，まだ十分に理解されていないし，また，蒸散に影響する上記の条件のほとんどすべてが農業者の制御の範囲を超える，ともウィドソーは言う。そこで，実際農業において，蒸散を制御する方法，すなわち，蒸散を制御しそして適切に耕耘された土壌で最少量の水で最大量の収穫を実現するために農業者が持ち得た唯一の手段は土壌をできるだけ豊沃な状態にしておくことである。この原理に基づいて，貯水や土壌からの水の直接的な蒸発防止のためにすでに推奨された実践が再び強調される。すなわち，頻繁な秋季深犂耕によって土壌は冬季に風化作用にさらされ，作物栄養が土壌から遊離される。頻繁な秋季深犂耕は貯水のために行われるが，他面，風化作用を通して作物栄養を土壌から遊離し，土壌豊沃度を高めるので，作物が必要とする水の量，つまり，蒸散量を減らすためにも効果がある。つまり，夏季中および各降雨後，忠実に土壌を耕耘する農業者は一方では土壌中に水分を保持し，他方，より少ない水で優れた収量を実現することができるのである[4]。

このように，蒸散を制御するためには豊沃性の維持・増進が重要であると指摘される。

しかし，土壌の豊沃化についてはあまり注目されない。乾燥農場はそれ自体豊沃と考えられているからである。乾燥地で無施肥での作物栽培によっても土壌の豊沃性は損なわれない。この背景には25～45年間無施肥でも平均収量は減少しないという事例の存在がある。例えば，14～40年間無施肥栽培が行われた乾燥農場で，処女地と比較して，同様に多くのチッソが存在していた（ユタ州），25年間栽培された後の土地のチッソ量は処女地のチッソ量に等しかった（オレゴン州），休閑－作物であれば，チッソはそれほど減少しない（カナダ）などである。なぜなのか，乾燥農場土壌の作物栄養含量が高い理由は，ウィドソーによると，①前述したように，乾燥土壌の豊沃性は本来的に高いこと（第3節

第2項ですでに述べた），②根が活動できる土壌が深いこと，③土壌中に貯えられていた自然の降水の上方への移動によって，土壌中に分散して存在していた作物栄養が集積されること，④乾燥農法の栽培方法は風化作用を通して土壌粒子の作物栄養を自由かつ活発に遊離すること，⑤年収量が少ないこと，⑥穂刈機刈り株が鋤き込まれること，⑦バクテリアの活動によって直接的に大気中からチッソが収集されること，である（第14章参照）[5]。

　これら要因の多くは乾燥地土壌の特性に関わるものであり，より積極的な土壌豊沃化要因は穂刈機による穂刈りの結果として残る茎・根系の鋤き込みのみである。この穂刈機の後に残る藁の腐敗物の土壌への投与の結果として，乾燥農場の豊沃性は1世紀以上の間施肥なしで維持されたとも考えられる。

　しかし，作物として土地から持ち出された養分が土壌に還元されなければ，有用栄養量は減少し，作物生産力も減少する[6]。この点，カリフォルニア州はじめ多くの地域で懸念されていたことは前述した。そこで，より積極的な土地豊沃性の維持が重要となる。豊沃性を維持する理想的な方法は作物によって土壌から取り去られた作物栄養のできるだけ多くを土壌に還元することである。このことは乾燥農法と結合した家畜飼養部門の発達によって最も良く遂行される。本来的な豊沃性維持・増進のためにはより多量の有機物の投与，つまり，家畜飼養と結合せざるをえないということである[7]。家畜飼養のためには当然のことながら飼料作物の生産が必要となる。飼料作物の生産のためにはより多くの水分が必要とされるが，乾燥地域においては水分は不十分でしかない。そこで乾燥農法は灌漑と結びつくことになる。換言すれば，乾燥農法がより一層発展するためには灌漑の助力が要請されるのである。この点に関するウィドソーの言葉を引くと，「灌漑と乾燥農法は必然的に世界の広大な乾燥地域の発展のために併進しなければならない。地球上の砂漠で偉大な国家を建設するに当たり，いずれも一方のみではうまくいかないからである」[8]。

注
1) 本書第2部，p.130
2) 本書第2部，p.136
3) 本書第2部，pp.136-138
4) 本書第2部，pp.141-144
5) 本書第2部，pp.194-198

6) 本書第2部，p.198
7) 本書第2部，pp.198-199
8) 本書第2部，p.228

第5項　圃場輪換

　これまで述べてきた土壌管理は貯水に関わって秋季深犂耕，保水・蒸発防止に関わって土壌マルチの形成のための徹底犂耕，そして清浄夏季休閑である[1]。清浄夏季休閑は雑草による養分・水分の収奪の防止，休閑耕による養分増に伴う水コストの節約（水コストとは乾物1ポンドの生産のために要する水分量のことである），そして土壌の砕粉化による土壌孔隙の保持を通しての貯水効果など種々の効果をもっている。

　前述した合衆国各地でそれぞれ独自の乾燥農法が発達した，そしてどこでも行われたことは深耕，秋季犂耕，秋季播種そして清浄夏季休閑である。しかし，年雨量が15インチ以上であり，降水の大部分が春から夏にある大平原地域（ロッキー山脈の東部に位置し，ノース・サウス・ダコタ州，ネブラスカ州，カンサス州，オクラホマ州などがこれに属する）のような地区，いわゆるその他の地区とは異なり，同じ乾燥地域であるが，降雨が夏季にある地区では清浄夏季休閑は行われなかった。太平原地域では清浄夏季休閑は反対されたのである。その理由は第1に，休閑すれば，土壌中の有機物の大減少を引き起こし，ついに作物の完全な失敗に結果するという恐れ，そして第2に，ポテトのような耨耕作物が休閑と同じ有益な効果を生じるという信念のためである。前者については，確かにそうではあるが，乾燥農場地域の大部分で行われた穂刈方式が犂き込まれる多量の刈り株を残すことも観察され，この方法によって休閑年中に失われる以上に多くの有機物が土壌に付加されることはありそうなことであり，また，後者については，近年提案された，雨が主に夏に降る大平原地域で耨耕作物の生長が夏季休閑にとってかわるという理論はいまだ未公表の実験データに基づいていると言われる[2]。しかし，大平原地域での降雨は，すでにみたように，その他の乾燥農場地域よりいくらか多く，そしてその大部分は夏季に降る。この夏季降水はもし土壌条件が好都合であれば，恐らく平年において作物を成熟させるのに十分である。したがって，この地域で土壌水分を貯えるため

の休閑耕は不必要となる，といった背景がある。そこで，大平原地区では次のような考えのもとで，次の輪作が採用される。すなわち，輪作は通常1ないしそれ以上の小粒穀物，トウモロコシあるいはポテトのような耨耕作物，マメ科作物そして時々休閑年を含む。マメ科作物はチッソを確保するために栽培され，耨耕作物は耨耕に伴う空気や日光の作用によって土壌粒子からカリウムやリン酸のような作物栄養素を遊離させ，そして穀作物はその他の作物の根系によって到達されなかった作物栄養素を吸収する。大平原地区で最も優れた輪作は，①トウモロコシ－小麦－エン麦，②大麦－エン麦－トウモロコシ，③休閑－小麦－エン麦である。また，ロシア南部の乾燥地域できわめて一般に行われている作付けは，①夏季耕耘され，施肥される，②冬小麦，③耨耕作物，④春小麦，⑤夏季休閑，⑥冬ライ麦，⑦ソバあるいは1年生マメ科作物，⑧エン麦であり，4年ごとの休閑が含まれている[3]。

　乾燥地農業者にとって忘れてはならないことは，乾燥農法の制限要素が水であり，そして，乾燥年あるいは平均以下の降水年が確かに来ることの結果として，年降水が年々変異することである。いくらか湿潤な年に土壌に貯えられた水分は比較的小さな産物であるが，旱魃年にはその水分は農業者の主な依存物となる。作物は生長のために水を必要とするので，もし多種類の作物が連続して作付けされるならば，その土地は水分をまったく消耗することになる，したがって，旱魃年に作物は恐らく失敗することになるであろう[4]。

　乾燥農法の不確実性は除去されなければならない。すなわち，旱魃は毎年起こると思わなければならないので，それを克服し，作物収量が確実に得られなければならない。その結果はじめて，乾燥農法は他の農業と比べて尊敬に値するものとなる。このような確実性や尊敬に到達するためには，平均雨量に応じた2年ごと，3年ごとあるいは4年ごとの清浄夏季休閑耕が恐らく不可避となる。したがって，夏雨地区である大平原地区で行われているように，確かに，耨耕作物を含む作物の輪作は乾燥農法の中に重要な存在場所を発見するとはいえ，したがって，輪作における清浄夏季休閑のウェイトは低くなるとはいえ，休閑は存在せざるを得ないのである[5]。

注
1）　本書第2部，p.145

2) 本書第2部, pp.148-149
3) 本書第2部, p.201
4) 本書第2部, p.151
5) 本書第2部, p.151

第5節　ウィドソー『乾燥農法論』の現代的意義
－結びに代えて－

　以上において乾燥地農業の体系的農書と考えられるウィドソー『乾燥農法論』を素材として彼の乾燥地農業論を農法論の観点から，言い換えれば，江島のいういわゆる体系的耕作法の観点から検討した。以下この検討を踏まえ，乾燥地農業のあり方に言及し，本論の結論としたい。

　そこで，本論の要点を簡単に振り返ると，自然の降水は少なく，しかも，乾きやすい（強風，強い日差し，高温などのために），他方，均一な，深い土壌構造と，豊沃な土壌を前提に乾燥農法が行われるのであるが，第1に貯水に関して，深くかつ徹底的な犂耕とともに，土壌風化による豊沃性維持や自然降水の貯水のために必要となる秋季犂耕の重要性が指摘され，第2に蒸発防止（＝保水）に関して，湿潤な春先あるいは春・夏雨後に徹底して耕耘することによって強風，強い日差し，高い気温という乾燥地条件に援助され，水の毛細管運動を効率的に中断した，つまり，蒸発を防止する土壌マルチが形成・維持され，第3に，まず，①適作物・品種の選択に関して，最少量の水で最大量の収量を生産する，また，生育期間が最短である作物・品種の選択が必要であるとし，小麦，大麦をはじめ，ソルガム，ライ麦，トウモロコシ，アルファルファーなどが挙げられるとともに，それぞれの品種の特性も説明されている（穀物とともに，飼料作物が多く挙げられていることが注目される）。②播種に関して，発芽に都合がよく，また，春の雨水の利用に適した秋播き，4インチ深，そしてそのための条播（そして条播機）が奨励され，③収穫に関して，取り扱いが簡便であり，また，刈り株が重要な意味を持つ穂刈り（穂刈機）が提唱されている，そして第4に蒸散のコントロールに関して，蒸散を規定する要因は多いが，その中で農業者の制御可能なものは土壌の豊沃性である。土壌豊沃化は乾燥地土壌それ自体が豊沃であるのであまり関心がもたれなかったが，しかし，

乾燥地域においても豊沃性維持問題は重要である。理想的には家畜飼養との結びつきによる豊沃性維持が重要だとする。第5に，圃場輪換についてみると，制限雨量の中で，保水あるいは水コストの節減のために，休閑，特に夏季休閑耕はぜひとも必要となり，輪作からの排除はないと思われるが，耨耕作物の挿入などにより，その位置はより小さくなる。

以上，ウィドソーの考えについて述べたが，その後の研究によれば，毛細管水の蒸発を防ぐ手段としてウィドソーが提唱した土壌マルチは，降雨の作用によって容易に破壊され，そのうえ多少とも傾斜した耕地では，流去水による水蝕を呼び，さらに風蝕をも激しくする，したがって，土壌マルチではなくて，刈り株による人工マルチが望ましいものとされる。また，飯沼によると，乾燥地では乏しい水分の効果的な保持が農作業の重要な目的であるので，土壌水分の蒸発を促す深耕はむしろ害となるといった深耕に対する批判が行われている[1]。とはいえ，土壌マルチの形成あるいは蒸発防止，また，豊沃性維持に関しても耕耘，とりわけ深耕の重要性が強調されるが，深耕の効果は一定程度是認されるが，しかし，深耕のみに片寄れば，雨による土壌流亡が増加し加えて風蝕による被害が起こる。したがって本来ならば等高線に沿って耕地地帯と森林地帯を並行させ，風蝕と流去水を少なくすることが大切であるとされる[2]。

ウィドソーの『乾燥農法論』は，後の研究に比べると深耕を重視しすぎること，土壌マルチの強調など問題点はあるとしても，江島が指摘した圃場基盤整備，栽培法，そして圃場輪換を内容とする体系的耕作法の提唱であると考えられる。すなわち，体系的耕作法の観点から，ウィドソーの考えを整理すると，以下の通りである。

圃場基盤整備に関して，ウィドソーは砂丘地農業におけるビニール・シートに代替するものとして自然あるいは土壌マルチを提唱し，頻繁な徹底耕耘（あるいは作物生育中の中耕）の結果形成される土壌マルチによって保水＝蒸発防止が可能になるとしている。栽培法に関して，貯水・保水・蒸散のコントロールのためには秋季深犂耕・休閑耕・耕耘（中耕）が必要であり，これらの耕耘作業によって豊沃性は維持されると同時に，豊沃性の高まりは蒸発防止，水コストの節減に役立つとし，また，このような土壌管理に匹敵するくらい重要な管理である適作物・適品種の選択と秋季に，薄く，かつ，深く条播すること，

さらにこれら耕耘諸作業のための犂，ディスク，スムースィング・ハロー，条播のための条播機，穂刈りのための穂刈機といった乾燥地農業用機具の整備の必要性が述べられている。そして，圃場輪換に関して，豊沃性の維持・貯水のための休閑は輪作の導入の中でウェイトを低めつつも，休閑は存在すべきことが強調されている。加えて，今後の豊沃性の維持・増進のためには家畜飼養，そのための飼料作の導入が必要となり，水要求の大きな飼料作のためには灌漑と結びつかざるを得ないことが強調されている。

この点，岩片は半乾燥地における農業のあり方は，単に土地耕作の仕方のみにかかわるのではなく，作物品種や養畜をも含む農業経営方式全般にかかわるものであり，加えて灌漑や林地造成に連なる土地利用全般にわたることなのである[3]とするが，種々の批判はあるものの，ウィドソー『乾燥農法論』はこのような観点からいわば総合的に乾燥地農業のあり方を検討した業績であると考える。

換言すれば，貯水・保水・節水といった自然の降水の有効活用を軸に栽培技術が体系化されているともいえる。このことは世界的に見るとき21世紀は水不足の世紀といわれるように，今後水不足が想定される中，きわめて示唆に富む考え方であるといえる。

注
1) 飯沼二郎，前掲書，p.12
2) 岩片磯雄，前掲書，pp.53-54
3) 同上，p.54

第 2 部

J. A. ウィドソー 著

乾燥農法論
― 少雨諸国のための農法 ―

序

　地球表面の約10分の6での年雨量は20インチ未満であり，その地域は灌漑や乾燥農法によってのみ農業向けに開拓される。世界的規模での完璧な灌漑方式によって，この広大な地域の約10分の1が匹敵するもののないほど実り豊かな園地に転化されるであろうし，乾燥農法によって，最大，地球表面の約半分が開拓されるであろう。すぐれた近代農法はほとんど多雨諸国で構築され，したがって，湿潤地域の農業展開のために適用される。近年まで，灌漑はあまり注目されず，また，地球の半分を征服するという世界的な課題があるにもかかわらず，乾燥農法は考慮に入れられなかった。これらの事実が本書を著述する理由である。

　数多くの書物という世界の中でわずか1巻，しかも1歳にも満たない本書はもっぱら今日認められている乾燥農法の説明に充てられる。

　本書は，制限雨量地域で，無灌漑で収益的な作物生産を行うことに関連して既知の科学的事実を収集し，組織化しようとする最初の試みである。その場合，第1に記憶に留められたことは，実際農業者が十分に満足して実行するためには，まずもって，原理を理解しなければならないという彼らのニーズである，ということである。しかし，増大しつつある乾燥地農業の研究者集団もまた乾燥農法原理の提示によって援助される，ということも期待される。課題はいまや急速に増大しつつある，したがって，まもなく2種の論述の余地があるであろう。すなわち，1つは農業者のためのものであり，他は技術研究者のためのものである。

　本書は大図書館から離れたところで書かれた，とはいえ資料は有益な源泉から引き出された。特定の参考書は本文中で与えられてはいないけれども，研究者あるいは研究所の名前がほとんどあらゆる事実の指摘とともに見いだされる。入手したい原著公刊物の代わりに，試験場の記録ファイルや農芸化学年報（Der Jahresbericht der Agrikultur Chemie）を利用した。試験場や合衆国農務

省の公刊物を自由に利用することができた。アメリカにおける土壌研究のプリンスたち，つまり，カリフォルニア州のヒルガード（Hilgard）やウィスコンシン州のキング（King）の著作の中に，たえず鼓舞や示唆を捜し求め，見つけ出した。私はなされた援助に対して国中の数多くの友人，とりわけアメリカ西部での乾燥農法の可能性について長年にわたり共同研究をしていたメリル（L.A.Merrill）教授に深く感謝する。

　乾燥農法の可能性はすばらしい。我々は発展期にいた昔の偉人たちをうらやましく感じた。すなわち，我々は，コロンブスは最大の大陸の影を期待し，バルボア（スペインの冒険家・探検家で，1513年に太平洋を発見した人…訳者注）は未発見であった太平洋に大声で挨拶をし，さらに，エスカランテ師（Father Escalante）はアメリカの死海のほとりで世界の神秘についてひとり熟考するのをうらやましく感じた。しかし，我々はこのような羨望を心に抱く必要はない，というのは灌漑されないまた灌漑できない砂漠を征服するという，これまで以上にすばらしい機会が帝国の創造者や再構築者（shakers）に提供されるからである。我々は未開拓の土地の前に立っている。休みなく，上昇する熱せられた砂漠の空気の流れを通して夢のように美しい景色が現れる。見ようとすれば，砂漠が花咲き乱れる圃場，教会，家そして学校で被われているのが見られ，そしてはるか彼方に子供の幸せそうな笑い声が聞こえそうである。

　砂漠は征服されるであろう。

　　1910. 6. 1.

J. A. ウィドソー

第1章 序　　論

乾燥農法の定義

　乾燥農法とは，現在，理解されているように，年々20インチ（500mm）ないしそれ以下の降水がある土地で無灌漑で有用作物を収益的に生産することである。土砂降りの雨，強風，好ましくない降水分布，あるいはその他の水分消散要因（water-dissipating factors）のある地域では，「乾燥農法」という用語は適切にも年降水量25ないし30インチ（625～750mm）以下での無灌漑農業にも適用される。したがって，乾燥農法と湿潤農法との間にはなんら明確な境界はない。
　年降水量が20インチ以下であるとき，通常，乾燥農法は必要欠くべからざる方式である。年降水量が30インチ以上であれば，湿潤農法が適用される。年降水量が20～30インチである地域で適用されるべき農法は，主として土壌水分の保持に影響を及ぼす地域条件いかんに依る。しかし，乾燥農法は常に年降水量が比較的少ない地域での農法を意味する。
　もちろん，乾燥農法という名称は不適当である。実際に，乾燥農法は科学的農業が発生した諸国で普通一般的である以上に乾燥した条件下で行われる農法である。よりよい名称を求めて多くの提案がなされた。「科学的農業」（scientific agriculture）という名称が提案された，しかし，すべての農業は科学的であるべきであり，したがって，乾燥地域での無灌漑農業はそのような一般的な名称をひとり要請すべき権利をなんら有しない。また提案されていた乾地農業（dry-land agriculture）という名称は，長ったらしくそしてそれによって乾燥を連想させるので，「乾燥農法」に対するなんの改善にもならない。恐らく「乾燥農法」という名称の代わりに，世界各地で普通一般的な気候条件に応じた，「乾燥農法」（arid-farming），「半乾燥農法」（semi arid-farming），「湿潤農法」（humid-farming），「灌漑農法」（irrigation-farming）という名称を利用する

ことがより適切なことであったであろう。しかし，現時点で，「乾燥農法」という名称はなんらかの変更をすることが賢明ではないように見えるほど一般に利用されている。「乾燥」という言葉に関するかぎり，それが不適当な名称であるということを明確に理解して利用すべきである。しかし，dry（乾燥）とfarming（農法）という2つの言葉をハイフンで結んだとき，合成専門用語（compound technical term），つまり，「乾燥農法」という用語が得られる，そしてその用語は，我々が定義づけたような，それ自身の意味を持つ。それ故に，「乾燥農法」という用語が語彙目録（lexicon）へ追加される。

乾燥農法対湿潤農法

　明らかに農業の一分野である乾燥農法の目的は，近年まで希望のない不毛の地と考えられていた世界中に存在する広大な灌漑できない「砂漠」あるいは「半砂漠」を人類のために開拓する，ということである。底に横たわる重要な農業原理（principles of agriculture）は世界中どこでも同じである，しかし，農業における種々の理論と実践に対する強調は地域条件に応じて変えられなければならない。湿潤地域における最も重要な農業問題は土壌豊沃性（soil fertility）の維持である。すなわち，近代農業がほとんど湿潤条件下で展開したので，科学的農業（system of scientific agriculture）は土壌豊沃性の維持をその中心理念としている。他方，乾燥地域では作物生産のための自然の降水（natural water precipitation）の保持が重要な問題である。それ故に，新農法は旧原理を基礎としつつも，だが，自然の降水の保持を中心理念として構築されなければならない。乾燥農法は作物生長のために制限降水量をよりよく利用するために科学的に確証されたあらゆる事実を収集し，組織化しなければならない。湿潤農法から得られた土壌豊沃性の維持に関する優れた教訓は乾燥農法の発展にとって極めて価値がある，それで自然の降水を保持し，利用する適切な方法を確固として確立することは，逆に，疑いなく湿潤農法に対しても有益な効果を与えることになる。

乾燥農法の諸問題

　乾燥地農業者は，初めに，作物を生産しようとする地域全体の年降水量を正確に知らなければならなかった。彼は作物栄養の容量に関してだけではなく，雨や雪から水を受け取り保持する能力に関しても，土壌の性質を熟知しなければならない。事実，土壌についての知識は，乾燥農法の成功のためには絶対に必要である。乾燥地農業者は，降水や土壌についての知識を収得することによってはじめて，本書で概略された諸原理を自らの特定のニーズに適用することができる。

　乾燥農場条件下で，水は生産の制限因子である，したがって，乾燥農法の中心問題は，自然の降水を最も効率的に土壌中に貯蔵することである。根の届く範囲内の土壌中に確実に貯えられた水のみが，作物生産に利用される。作物が要求するまで土壌中に保水するという問題も，まったく同様に重要である。生育期間（growing season）中に，水は下方への放出あるいは地表からの蒸発によって土壌から失われる。それ故に，どのような条件下で，土壌中に貯えられていた自然の降水が下方へ移動するか，また，どのような手段によって表面蒸発が防止ないし規制されるかが明らかにされなければならない。実際，作物によって利用される土壌水分（soil-water）は，根から吸い上げられ，そして最終的に葉から蒸散される水である。土壌中に貯えられた水の大部分は，このように利用される。もちろん，作物による土壌水分の直接的な汲み出しを規制する方法は，乾燥地農業者にとって極めて重要なことである，したがって，その方法は科学的乾燥農法のその他の重要な問題となる。

　乾燥地域に普通一般的な条件と作物との関係は，別種の重要な乾燥農法問題となる。いくつかの作物は，他ほど多く水を利用しない。ある作物はすばやく成熟し，その点で，乾燥農法に好都合となる。湿潤条件下で育てられたその他の作物は，もし適切な方法が利用されるならば，容易に乾燥農法条件に適応する，そして数生育期間を経て，価値ある乾燥農場向き作物となる。個々の作物の特徴は，自らを少雨や乾燥土壌に関係づけるとき，知られるはずである。

　ある作物が選択された後，その作物に対する適切な耕耘，播種そして収穫に

ついての熟練と知識とが必要となる。乾燥地域でしばしば失敗が生じるのは，作物に対して適切な管理を行わなかった結果である。

　作物が収穫され，貯蔵された後，収穫物の適切な利用は，乾燥地農業者にとって別の問題である。乾燥農場産作物の構成成分（composition）は，豊富な水で育てられた作物とは異なる。通常，乾燥農場産作物の栄養価はより高い，したがって，市場でより高い価格を要求すべきであった，あるいは，より高い栄養価に応じた比率と配合で家畜に供餌されるべきであった。

　このように，乾燥農法の基本問題は，①少ない年降水を土壌中で貯えること（貯水…訳者注，以下同様），②作物が必要とするまで土壌中に水分を保持すること（保水），③生育期間中，土壌水分の直接的な蒸発を防止すること（蒸発防止），④作物によって土壌から汲み取られる水量を規制すること（蒸散の抑制），⑤乾燥条件下での生長に適した作物を選択すること（適作物の選択），⑥作物に対して適切な管理を行うこと（適正管理），および⑦少量の水で育てられた作物の優れた構成成分に基づいて，乾燥農場産作物を処分すること（乾燥農場産作物の適正な処分）である。これらの基本問題の周りに，多くのマイナーな，だが重要な問題が群がっている。乾燥農法が理解され，実行されるならば，その実行は常に成功する。しかし，そのためには多雨諸国で行われている農法以上により多くの知力，自然法則へのより明白な従順，さらにより周到な注意が必要となる。

　以下の諸章では上で概略したほとんどの諸問題が取り扱われる，なぜならば，それら諸問題は自ら制限雨量諸国における無灌漑で合理的な農法の構築に際して姿を現すからである。

第2章　乾燥農法の理論的基礎

　乾燥地域に精通している科学者が乾燥農法の諸問題の解決に挑む際にもった確信は，作物の水要求と自然の降水や雪との既知の関係に大きく依存する。いかなる作物も，十分な水量を自由に利用することができなければ，生き，生長することができないことは，植物生理学（plant physiology）の最も基本的な事実である。

　作物によって利用された水のほとんどすべては根を中心に放射状に広がる細根毛（minute root-hairs）によって土壌から汲み取られる。このようにして，作物に取り込まれた水は，茎を通って上昇し，葉に至り，そこで最終的に蒸発する。それ故に，作物中で根から葉へ至る多少とも恒常的な水の流れがある。

　このように土壌から汲み取られた水分量を種々の方法で測定することができる。土壌から水を汲み取る過程が作物内で続いている一方，ある量の土壌水分は，地表からの直接的な蒸発によって失われている。乾燥農場地域で，土壌水分はこれら2つの方法によってのみ失われる。というのは土壌深層（deep soil）から水を放出させるほど雨が充分であるところはどこでも，湿潤条件が普通一般的であるからである。

乾物1ポンドの生産のために必要な水分量

　乾燥作物物質（dry plant substance；以下，乾物と略称する…訳者注）1ポンド（約454g）の生産に利用された水分量を測定するために，多くの実験が行われた。一般に，実験方法は，多数の，重量測定済みの土壌を入れた大型ポットの中で作物を栽培する，ということであった。必要に応じて，重量測定済みの水がポットに加えられた。水の損失を測定するために，1週に3日間一定間隔でポット重量が測定された。収穫時に，各ポットの乾物重量が注意深く測定された。ポットから失われた水も測定されていたので，乾物1ポンドの生産のために利用さ

れた水のポンド数は，容易に計測された。

この種の最初の信頼できる実験は，ドイツおよびその他ヨーロッパ諸国の湿潤条件下で企画された。多くの実験結果から，いくつかを選択し，第1表に示した。前世紀80年代初期に，それらの実験は著名なドイツ人研究者であるヴォルニー（Wollny），ヘルリーゲル（Hellriegel），そしてゾラウエル（Sorauer）によって行われた。第1表中の数字は完熟乾燥物質（ripened dry substance）1ポンドの生産のために利用された水のポンド数を表している。

第1表　乾物1ポンドの生産に必要となる水のポンド数

	ヴォルニー	ヘルリーゲル	ゾラウエル
小麦	—	338	459
エン麦	665	376	569
大麦	—	310	431
ライ麦	774	353	236
トウモロコシ	233	—	—
ソバ	646	363	—
ピース	416	273	—
ホースビーン	—	282	—
赤クローバ	—	310	—
ヒマワリ	490	—	—
ミレット	447	—	—

ドイツで得られた上記結果から明らかなことは，乾物1ポンドの生産に対する必要水量がすべての作物で同一ではなく，また，同じ作物でもすべての条件下で同一ではない，ということである。事実，後章で明らかとなるように，作物の水要求は，多少とも制御することができる数多くの要因に依存する。上記のドイツの結果によると，乾物生産ポンド当たりの水要求幅は233〜744ポンドであり，平均約419ポンドである。

1880年代末から90年代初めにかけて，キング（King）は，ウィスコンシン州条件（湿潤州のこと…訳者注）下での作物の水要求を測定するために，初期ドイツの実験に類似した実験を行った。これらの広範で注意深く行われた実験の結果は，下記に示す通りである。

　　　エン麦　　………………　385ポンド

第2章　乾燥農法の理論的基礎

大麦	……………	464ポンド
トウモロコシ	……………	271ポンド
ピース	……………	477ポンド
クローバー	……………	576ポンド
ポテト	……………	385ポンド

　平均約446ポンドである上記数字によると，ウィスコンシン州での作物生産のためにドイツとほとんど同量の水が必要とされる。ウィスコンシン州での結果は，傾向としてヨーロッパで得られた数値よりやや高い，とはいえ，その差はわずかにすぎない。土壌から蒸発した水の量や作物の葉から蒸散した水の量が生育期間中平均温度の上昇とともに著しく増加し，そして，澄みきった空（cloudless sky）の下で，また，大気が乾燥している地域でより多くなることは，後で十分に議論されるが，動かしようのない科学原理である。乾燥農法が同様に実行されているところはどこでも，適度に高い温度，澄みきった空そして乾燥した大気が普通一般的な条件である。それ故に，乾燥諸国で乾物1ポンドの生産に対する必要水量がドイツやウィスコンシン州といった湿潤地域よりも多いことは，ありそうにみえた。この課題についての情報を得るために，ウィドソーとメリルは1900年にユタ州（乾燥州のこと…訳者注）で一連の実験を企画した，そしてその場合，実験はより初期の実験者のプランに則って行われた。6年にわたる実験結果の平均は，豊沃な土壌で乾物1ポンドの生産のために必要とされた水のポンド数を示す次表によって与えられる。

小麦	……………	1,048ポンド
トウモロコシ	……………	589ポンド
ピース	……………	1,118ポンド
テンサイ	……………	630ポンド

　これらユタ州の実験結果によると，乾物1ポンドの生産に対する必要水量がドイツないしウィスコンシン州のような湿潤条件よりもユタ州のような乾燥条件下で極めて多いという原理が強力に支持される。しかし，これらの実験すべてにおいて作物がやや浪費的な方法で水を供給されたことが注意されなければ

ならない，すなわち，作物は水を十分に与えられ，そして，普通一般的な条件下でできるかぎり最大量の水を利用した。水を節約するといった試みは，まったく行われなかった。それ故に，結果は最大の数値を示し，そして確かにこのようなものとして利用される。さらに，土壌深層における貯水や体系的な耕耘を含む乾燥農法は行われなかった。ヨーロッパやアメリカでの実験はむしろ灌漑条件の説明となる。ドイツ，ウィスコンシン州およびユタ州に，上で与えられた水量が適切な栽培方法の適用によって著しく減らされることを信じるためのすばらしい理由がある。

第1図　小瓶中の穀物を生産するのに大瓶中の水が必要とされる。

　作物の水要求に関するこれらの実験結果を考慮すると，平均的な栽培条件下で大体750ポンドの水が乾物1ポンドの生産のために乾燥地で必要とされるということは，真実からさほど離れてはいない（第1図）。乾燥が強いところで，この数字はやや低いだろうし，半湿潤条件の場所で，この数値は確かに高すぎる。しかし，この数値は，乾燥農法に関心をもった地域に対する最大平均として安全に利用される。

降雨の作物生産力（crop-producing power）

　もし乾物1ポンドの生産のために通常の乾燥農場条件下で750ポンド以上の水が要求されないという結論が受け入れられるならば，乾燥農法の可能性に関してある興味ある計算が行われる。例えば，1ブッシェル（60ポンド＝30kg…訳者注）の小麦生産には，750の60倍，つまり，4万5,000ポンドの水が要求される。しかし，小麦粒は，乾燥農法の条件下で作物全体の重量の半分を構成していることはめったにないある量の藁なしでは，生産されない。藁と粒の重量が

等しいとすると，相当量の藁とともに，1ブッシェルの小麦生産のためには4万5,000の2倍，つまり，9万ポンドの水が必要となる。これは小麦ブッシェル当たり45トンの水に等しい。これは大きな数字である，だが，多くの地域で，これは疑いなく真実に近い。雨として土地に降る水量と比較して，45トンという水の量は異常に多いとは思えないからである。

1エーカー（＝40a）の土地に対する1インチ（25mm）の水の重量は，大体22万6,875ポンド，つまり，113トン以上である。もしこの水量が土壌中に貯えられ，すべてが作物生産のために利用されたとするならば，その水量は，ブッシェル当たり45トンの水の率でいうと，約2.5ブッシェルの小麦を生産したことになる。現在まで乾燥農法成功の最低限界であるようにみえる10インチの雨量で，年に25ブッシェルの小麦を生産する最大可能性がある。

本章の議論に基づいて作製された表によると，種々の度合いの年降水量の小麦生産力は，以下のように示される。

　　　1エーカー1インチの降水は，2.5ブッシェルの小麦を生産する。
　　　1エーカー10インチの降水は，25ブッシェルの小麦を生産する。
　　　1エーカー15インチの降水は，37.5ブッシェルの小麦を生産する。
　　　1エーカー20インチの降水は，50ブッシェルの小麦を生産する。

しかし，いかなる既知の耕耘によっても，土壌に降る水すべてが土壌に持ち込まれ，そこで作物利用のために貯えられるとはかぎらないことを，明確に留意しなければならない。貯えられた土壌水分すべてが作物生産のために利用されるように土壌を管理することはできない。ある水分は，やむをえず，直接的に土壌から蒸発するし，あるものは，その他多くの方法で失われる。だが，12インチ（300mm）の雨量下でさえ，もし水の半分だけが保持されるとするならば，実験が極めてありそうなことを示したが，エーカー当たり毎年30ブッシェル（900kg：10a当たり225kgである…訳者注）の2分の1の小麦が生産される可能性がある，そしてその収量は作物生産に投下された貨幣と労力に対して素晴らしい利子を保証するに足る生産量である。

極めて広大な地域に広がる「砂漠」が乾燥農法によって開拓されると，この課題の研究者が信じるのは，本章で概略した根拠による。乾燥地農業者の前に

ある実際問題は,「降雨量は十分であるか」ではなく,むしろ「収益的な作物生産に降雨を活用できるように雨を保持し,利用することができるか」である。

第3章　乾燥農場地域 —降雨量—

　乾燥農場地域の立地は主として年降雨量と降雪量によって決定される。降雨量の変化につれて，乾燥農法も変化しなければならない。しかし，降雨量だけが国の作物生産の可能性に対する完全な指標とはいえない。

　降雨の分布，降雪量，土壌の保水力，そして種々の水分消散要因—風，高温，豊富な日光，低湿潤—は，しばしば結合して多量の年降雨の利益を帳消しにしてしまう。にもかかわらず，どの気候要因も，平均して，年雨量ほど正確に乾燥農法の可能性を示さない。経験がすでに明らかにしたことであるが，年降水が15インチ以上あればどこでも，もし土壌が適当で，乾燥農法が正しく行われているならば，作物の失敗はない。年降水が10～15インチであれば，もし適切な栽培上の注意が払われるならば，失敗は極めてまれである。年間10インチ以下の降雨（atomospheric precipitation）を受ける地域は，乾燥農場としては安全ではない。これらの砂漠の開拓は将来的にみて，灌漑がなければ，いまだ推測の域を出ない。

乾燥，半乾燥，半湿潤

　乾燥農法を必要とする合衆国各地域の検討に入る前に，その議論にかかわった広大な地域の描写の際に通常利用された用語を明確に定義づけることは，よいことであろう。

　経線（meridian）100度の西に位置する諸州（第2図参照…訳者注）は大まかに乾燥州，半乾燥州，あるいは半湿潤州といわれる。商業目的のために，いかなる州も，乾燥地として分類され宣伝された乾燥というハンディー下で苦しみたくはない。これら諸州の年降雨量は約3～30インチ以上である。

　さらにより一層明確にするために，明確な雨量値を問題地域で通常利用されていた記述的用語（descriptive terms）にあてがうことはよいことであろう。

それ故に，年に10インチ以下の降雨（atmospheric precipitation）を受ける地域が乾燥（arid），10〜20インチの地域が半乾燥（semi-arid），20〜30インチの地域が半湿潤（semi-humid），そして30インチ以上の地域が湿潤（humid）と名付けられることが提案される。乾燥性がひとり降雨量だけに依存しないので，このような分類でさえ任意的であり，そのために，このような分類下でさえ重複は避けられない。しかし，年降水ほど，乾燥度合の変化を十分に表現する要因はない，そして乾燥農法議論の対象になる地域を記述する際に利用された用語の簡明な定義づけが非常に必要とされる。本書で「乾燥」，「半乾燥」，「半湿潤」，「湿潤」という用語は，上記の定義づけに準じて利用される。

乾燥農場地域での降水

アメリカ合衆国気象局のヘンリー（A. J. Henry）教授の研究に基づいて作製された第2図は，合衆国の平常の年降水を図形的に示している。この地図の検討によって証明されることは，以下の通りである。すなわち，合衆国の約半分

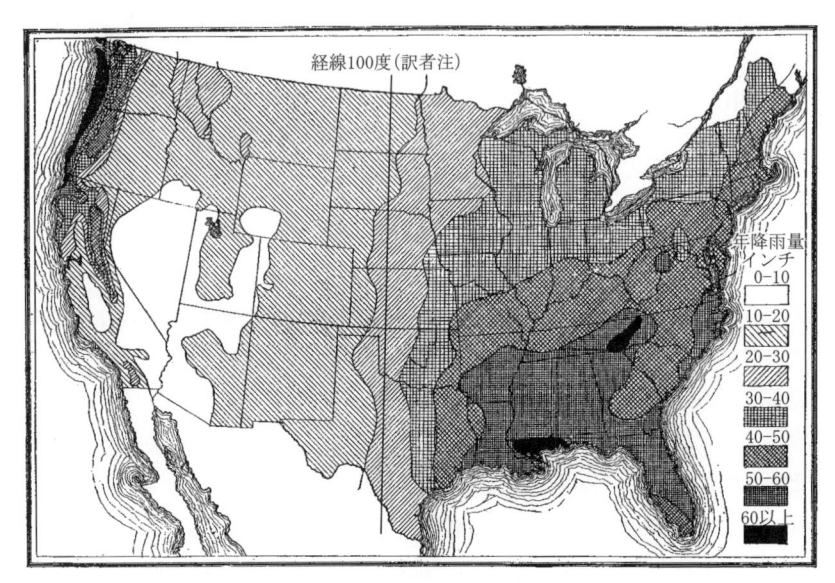

第2図　アメリカ合衆国における年降雨量

は，年20インチ前後の降雨量である。20～30インチの降雨を受ける地帯が追加されるならば，灌漑ないし乾燥農法によって直接に開拓を受ける地域は，合衆国全域の半分以上（63%）となる。

少雨地域に18州が含まれる。これらの地域は，1900年センサスによると，年降水量に応じて第2表に示す通りにグループ分けされた。

第2表 少雨18州における乾燥・湿潤州別面積

乾燥・半乾燥州	総面積(平方マイル)	半乾燥・半湿潤州	総面積(平方マイル)	半湿潤・湿潤州	総面積(平方マイル)
アリゾナ	112,920	モンタナ	145,310	カンサス	81,700
カリフォルニア	156,172	ネブラスカ	76,840	ミネソタ	79,205
コロラド	103,645	ニューメキシコ	112,460	オクラホマ	38,830
アイダホ	84,290	ノース・ダコタ	70,195	テキサス	262,290
ネバダ	109,740	オレゴン	94,560		
ユタ	82,190	サウス・ダコタ	76,850		
ワイオミング	97,575	ワシントン	66,880		
計	746,532	計	653,095	計	462,025
				総計	1,861,652

乾燥農法の発展に直接に関心のある地域は，アラスカ州を除く合衆国全体の63%を構成し，186万1,652平方マイルあるいは11億9,145万7,280エーカーに及ぶ。もし乾燥農法問題に払われた熱心な関心に対する言い訳が必要とされるならば，それは，乾燥農法によって土地の開拓に関心のある広大な地域を示すこれらの数字によって十分に与えられる。以下に示すように，ほとんどあらゆるその他の大国にも，同様に広大な制限雨量の地域がある。

合衆国における乾燥農場地域11億9,145万7,280エーカー中，約22%，あるいは5分の1強は半湿潤であり，年降雨量は20～30インチである。61%，あるいは5分の3強は半乾燥であり，年降雨量は10～20インチである，そして約17%，あるいは5分の1弱は乾燥であり，年降雨量は10インチ以下である。

これらの計算は，合衆国気象局（United States Weather Bureau）が公表している平均降雨量地図に基づく。西端部（far West），特にいわゆる「砂漠」（desert）地域では人口がまばらであり，気象台も多くなく，したがって，それから正確なデータを得ることは容易ではない。多くの気象台の設置につれて，

年降水10インチ以下の地域が上記の推計よりはるかに狭いことが発見されることは，極めてありそうなことである。事実，合衆国開拓局（United States Reclamation Service）はわずか7,000万エーカーの砂漠状地（desert-like land）—すなわち，飼料に適する作物を自然的に育てない土地—があるにすぎないと述べている。この地域は，知られるかぎり，現在10インチ以下の降水を受ける土地の約3分の1，あるいは乾燥農法地域全体のわずか約6％を占めるにすぎない。

どんな場合でも，半乾燥地域では，現在，最も熱心に乾燥農法に関心がもたれている。半湿潤地域では，もし通常のよく知られた農法が利用されるかぎり，旱魃（drouth）に苦しむことはめったにない。降雨量10インチ以下の乾燥地域は，たいていは，今日知られている以上により適切な農法の発展によってはじめて無灌漑で開拓される。現在の乾燥農法が特に考慮に入れられる半乾燥地域には，7億2,500万エーカー以上の土地がある。さらに述べなければならないことは，半湿潤地域での作物生産の確実性は乾燥農法の採用とともに高まる，ということであり，そして，「砂漠」の端ですでに得られた結果から，降水10インチ以下の地域の大部分が究極において無灌漑で開拓されるという信念が導かれる，ということである。

もちろん，いま議論された広大な地域全体が最も好ましい降雨条件下でさえ耕作（cultivation）にもたらされるとはかぎらなかった。問題地域の大部分は山岳地であり，しばしばごつごつした状態であるので，それを営農すること（to farm）は不可能である。しかし，西部にあるいくつかの最良の乾燥農場が十分な降雨下で，通常，最も豊沃な土壌がある小山岳渓谷（small mountain valleys）に見いだされることが忘れられるべきではない。山岳の裾野は，たいてい常に優れた乾燥農場農地である。ニューウェル（Newell）の推定によると，乾燥から半湿潤にいたる地域に位置する1億9,500万エーカーの土地は多少とも密集した木々で覆われている。この林地は大体山岳であり，したがって，非耕地である。同権威の推定によると，砂漠状地面積は7,000万エーカーに及ぶ。山岳および砂漠状地に対する最も寛大な推定をすると，少なくとも全地域の2分の1，あるいは6億エーカーは，適切な方法によって農業用に開拓できる耕地である。灌漑は，十分に発達したとしても，この地域の5％を超えて開拓で

きない。それ故に,どんな見地からも,合衆国で乾燥農法が引き起こす可能性は計り知れないほど大きいといえる。

世界の乾燥農場地域

　乾燥農法は世界的な問題である。乾燥はあらゆる大陸で遭遇され,そして征服されるべき条件である。マッコール（McColl）の推定によると,アメリカ合衆国よりやや広いオーストラリアで,全表面のわずか3分の1だけが年降雨20インチ以上である。次の3分の1は10〜20インチであり,そして残り3分の1は10インチ以下である。すなわち,オーストラリアにある約12億6,700万エーカーの土地は乾燥農法によって開拓することができる。ここの条件は,合衆国で普通一般的な条件と同じである,したがって,世界のあらゆる大陸の代表といえる。第3表は世界における年降水量別地表面積割合を示している。

第3表　世界における年降水量別地表面積割合

年降水量	地表面積割合
10インチ未満	25.0 %
10〜 20インチ	30.0 %
20〜 40インチ	20.0 %
40〜 60インチ	11.0 %
60〜 80インチ	9.0 %
80〜120インチ	4.0 %
120〜160インチ	0.5 %
160インチ以上	0.5 %
	100.0 %

　地表面積の55%,あるいは半分以上には20インチ以下の年降水があるにすぎず,そのために,せいぜい乾燥農法によって開拓されるに違いない。少なくとも10%以上には20〜30インチの年降水があり,そしてその条件下で乾燥農法が必然的なものとなる。それ故に,あわせて地表面積の約65%は,直接に乾燥農法に関心がある。将来,完璧な灌漑や作業慣行の発展に伴い,灌漑によって10%程度が開拓される。とはいえ,乾燥農法は真に人類が注目していることに挑戦する問題である。

第4章　乾燥農場地域 ——一般的な気候要因——

　合衆国の乾燥農場地域は，太平洋岸から 96度経線 (longitude) まで，そしてカナダ国境からメキシコ国境まで広がり，総面積約1,800万平方マイルに及ぶ。この広大な地域は，広々とした平原には程遠い。東端部にミシシッピー渓谷を有する大平原地域があるが，ここは比較的一様な，ただし山岳ではないが，丘陵の多い地方である。全体の距離の3分の1ほど西の地点で土地全体は，南から北西へとその地方を横切るロッキー山脈（米国ニューメキシコ州中部からアラスカ州北部に延びる；最高峰 Elbert 山 4,399m…訳者注）によって，空高くまでもちあげられる。ここには数え切れない頂き，深い峡谷，高い台地，轟く急流，そして静かな渓谷がある。ロッキー山脈の西方に海洋への出口をもたないグレート・ベースン (Great Basin；米国西部の大盆地：ネバダ州の大部分と，ユタ，カリフォルニア，オレゴン，アイダホ，ワイオミングの各州の一部を含む…訳者注) として知られた広大な低地がある。それはロッキー山脈の背骨からの支脈である山の連なりによって多くの方向で遮断された本当に巨大な水平湖床 (level lake floor) である。グレート・ベースンの南方に多くの大きな割れ目が切り込まれているハイ・プレート (High Plateaus) があり，その中で最もよく知られ，最大のものがコロラド大峡谷 (great Canon of the Colorado) である。グレート・ベースンの北・東に玄武岩の起伏ある平原や崩れた山岳地方によって特徴づけられたコロンビア河ベースン (Columbia River Basin) がある。西に行くにつれ，グレート・ベースンの床はネバダ州の北がカスケード山脈 (cascades；カリフォルニア州北部からカナダ西部にいたる山脈…訳者注) として知られているシェラネバダ山脈 (Sierra Nevada Mountains；米国カリフォルニア州東部の山脈；最高峰 Mt. Whitney 4,418m…訳者注) によって万年雪 (eternal snow) の地域にまでもちあげられる。西部で，シェラネバダ山脈は渓谷や小山岳地を通って，緩やかに太平洋に通じる。合衆国の乾燥農場地域が示す以上の多様な地勢を想像することは困難であった。

　このような変則的な国では一様な気候条件は期待できない。気候の主決定要

因—経度，土地や水の相対的分布，高度，普通一般的な風—はこのような極間を揺れ動く，したがって，種々の地域の気候条件は必然に極めて多岐にわたる。乾燥農法は気候と極めて密接に関係している，したがって，気候による典型的な変異が指摘されるにちがいない。

年降水量は地勢（topography），特に大山脈によって直接的な影響を受ける。ロッキー山脈の東に，年降水20～30インチの半湿潤地域がある。ロッキー山脈それら自体の上では，半乾燥条件が普通一般的である。東でロッキー山脈によってそして西でシェラネバダ山脈によって囲まれたグレート・ベースンでは，より乾燥した条件が普通一般的である。西へ行くにつれ，つまり，シェラネバダ山脈を越え，海岸へと近づくにつれ，半乾燥から半湿潤条件が再び見いだされる。

降雨の季節分布

年降水量が乾燥農法の成功を左右する主要因であることは，疑いなく真実である。しかし，年間の降雨の分布もまた極めて重要であり，そのために農業者によって知られるべきであった。最も好ましい生育期間中の少雨には，ほとんど分布しなかった極めて多量の降水以上に高い作物生産力がある。さらに，降水の大部分が冬にあるところで利用されるべき耕耘方法は，降水の多くが夏にあるところで利用されるそれらと相当に異なるにちがいない。したがって，乾燥地農業者は，成功するためには，耕耘方法の選択に先だって，乾燥農法を行う土地での，年平均降水量や，降雨の平均的な季節分布を知らなければならない。

合衆国気象局のヘンリーは合衆国の乾燥農場地域を降水の月別分布の点から，次の5類型に区分する。すなわち，①太平洋型（Pacific Type），②亜太平洋型（Sub-Pacific Type），③アリゾナ州型（Arizona Type），④ロッキー山脈北部および山脈東側小丘型（Northern Rocky Mountain and Eastern Foothills Type），そして，⑤大平原型（Plains Type）の5類型である。

太平洋型

この型はカスケードおよびシェラネバダ山脈の西の地域すべてで見いだされ，

また，山頂東側にある地方の周辺で見いだされる。太平洋型の著しい特徴は，カリフォルニア州北部およびオレゴン州やワシントン州の一部を除いて，10月から3月にかけての雨季（wet season）と，実際に雨の降らない夏である。年降水の約半分が12月，1月，2月にあり，残り半分は9月，10月，11月，3月，4月，5月，6月の7ヵ月間にある。

亜太平洋型

「亜太平洋」という用語はワシントン州東部，ネバダ州そしてユタ州で見られる降雨型に与えられた。この地域の降水を制御するものは，シェラネバダおよびカスケード山脈西側で普通一般的なそれらと同様である。しかし，東部型のように，春が近づくにつれて，降水の着実な減少ではなく，むしろ降水の最高点がある。

アリゾナ州型

アリゾナ州型は，その他の地域よりもそこでより十分に展開されるのでそう呼ばれるが，アリゾナ州，ニューメキシコ州そしてユタ州東部やネバダ州の小地域で普通一般的である。この型は雨の約35%が7月と8月に降るという事実においてその他すべてと異なる。5月と6月は一般に最少降雨の月である。

ロッキー山脈北部および山脈東側小丘型

この型は，東方で大平原型と密接に関係する，そして雨の多くがその地域山裾の小丘で4月と5月に降る。モンタナ州では5月と6月に降水がある。

大平原型

この型は，ノース・サウス・ダコタ州の大部分，ネブラスカ州，カンサス州，オクラホマ州，テキサス州のパンハンドル（panhandle；細長い地域の意味…訳者注）そして内陸渓谷（interior valleys）のトウモロコシ・小麦生産諸州すべてを含む。この地域は北部諸州での不充分な冬季の降水や生育期間中の適当な多雨によって特徴づけられる。雨の多くは，5月，6月そして7月に降る。

これらの区分は，第3図によると，合衆国の乾燥農場における降雨分布が極めて異なっていることを強調する。ロッキー山脈の西側で，降雨は主に冬から春にかけてであり，夏には雨が降らない。他方，ロッキー山脈の東側では冬にはほとんど雨が降らず，降雨は主に春から夏にかけてである。アリゾナ州型は，これらの中間に位置する。降雨分布のこの違いに応じて，作物生産のために雨

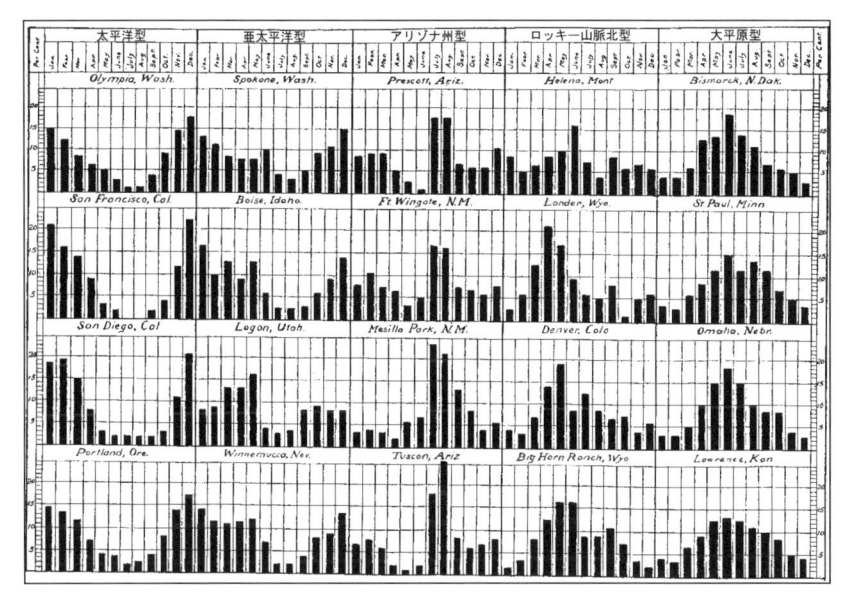

第 4 章　乾燥農場地域 ——一般的な気候要因 —

第 3 図　合衆国の乾燥農場地域における降水の分布型

を貯え保持する際に種々の方法が利用されなければならない。雨の季節分布に応じた栽培方法の適用はこの後で議論される。

降　　雪

　降雪は降雨分布や平均気温と密接に関係する。冬季降水がかなり多いところはどこでも，もし降水が雪の形であるならば，乾燥地農業者に有益となる。秋播き種子は雪によってより十分に保護される。蒸発はより少なく，そして土壌は年々の雪の被覆によって改善されるようである。どんな場合でも，栽培方法はいくらか降雪量と，雪が地面にある時間の長さとに依存する。
　雪は，カリフォルニア州の低地，太平洋岸そして年平均気温が高いその他の地域を除いて，乾燥農場地域の大部分で降る。最大の降雪はシェラネバダ山脈の西斜面からロッキー山脈の東斜面にいたる山間地域にある。農地での降雪の程度は極めて種々であり，地域条件に依存する。雪はすべての高い山脈で降る。

温　度

　カリフォルニア州の一部，アリゾナ州そしてテキサス州を除いて，合衆国の乾燥農場地域の年平均地表温度（surface temperature）はカ氏40～55度である[注]。その平均はカ氏45度（セ氏7.2度）近くである。東端部辺境あたりの狭い地域が温暖（temperate）と分類され，カリフォルニア州の一部とアリゾナ州がやや暑い（warm）と分類されるが，先の地表温度からすると，乾燥農場地域の大半は寒い地域に位置する。夏の最高から冬の最低に至る温度幅は相当なものであるが，合衆国のその他同様な地域とあまり異なってはいない。その幅は内陸の山岳地域で最大であり，海岸部で最小である。1日の最高・最低温度の日較差（daily variation）は一般に湿潤地域より乾燥農場地域でより大きい。半乾燥地域のプレートで，平均日較差はカ氏30～35度であり，他方，ミシシッピー州東部ではカ氏約20度にすぎない。このより大きな日較差は主に澄みきった空と植物のないことに依る，というのはこれらのために，日中の過激な温暖化と夜間の過激な冷化が容易にされるからである。

　　　注）カ氏は考案者のドイツ人ファーレンハイトの中国語訳 華倫海による。アメリカやカナダで普通に用いる。わが国で一般的であるセ氏との関係は $C = 5/9 (F-32)$ で表される。ちなみにカ氏40～55度はセ氏では4.4～12.8度である（訳者注）。

　乾燥地農業者にとって重要な温度問題は生育期間が作物を成熟させるのに十分温暖で長いかどうかである。問題の地域の高緯度でさえ，夏季温度が作物の生長を遅らせるほど低い場所はほとんどない。同様に，作物を枯死させる最初と最後の霜の間隔はかなり離れており，したがって，生育期間は通常十分に長い。霜は地域の地勢によって大きく支配されるので，地域的観点から知られなければならないことが思い起こされなければならない。冷気の下方への放出のために，霜が山並よりも渓谷でより発生しやすいことは一般法則である。さらに，霜の危険は緯度とともに高まる。一般に，乾燥農場地域での作物を枯死させる最後の春霜は3月15日～5月29日であり，作物を枯死させる秋の最初の霜は9月15日～11月15日である。これらの制限期間内に，すべての通常の農作物，

特に穀作物は成熟する。

相対湿潤性 (relative humidity)

　一定の温度で，大気は，ある量の水蒸気 (water vapor) を保持することができる。大気がそれ以上を保持できないとき，飽和していると言われる。飽和していないとき，実際，大気中に保持された水蒸気の量は，飽和のために必要とされた量に対する割合で表される。相対湿潤性100%という意味は，大気が飽和しているということである。50%というのは，半分だけ飽和しているということである。大気が乾燥するにつれ，ますます急速に水が大気中へ蒸発する。それ故に，乾燥地農業者にとって，大気の相対湿潤性あるいは乾燥度合は極めて重要である。ヘンリー教授によると，合衆国における相対湿潤性の地理的分布の主な特徴は，次の通りである。すなわち，①海岸に沿ってすべての季節に高湿潤性の地帯があり，そこでの飽和率は75～80%である。②東経70度から大西洋岸にいたる内陸で，その率は70～75%である。③乾燥地域は南西部にあり，そこでの年平均値は，50%以上ではない。この地域にアリゾナ州，ニューメキシコ州，コロラド州西部そしてユタ州およびネバダ州の大部分が含まれる。東経100度から西のシェラネバダやカスケードにいたる高度地域の残りの部分の年相対湿潤性は55～65%である。7月，8月，9月に，南西部の平均値は低下し，20～30%となるが，太平洋沿岸地域に沿ってそれらは，年間80%程度である。大西洋沿岸で，そして一般にミシシッピー河東部で，月較差は大きくない。4月は，恐らく最も乾燥した月である。

　それ故に，乾燥農場地域の大気が，概して，湿潤州の大気に含まれていた水分量の3分の2以下を含んでいるにすぎない。この意味は，作物の葉や土壌表面からの蒸発が湿潤地域より半乾燥地域でより急速に起こる，ということである。制御できないこの危険に対して，乾燥地農業者は特別の注意を払わなければならない。

日　光

乾燥農場地域では，日光の量も，また重要である。直射日光（direct sunshine）は作物生長を促進する，しかし，同時に，土壌からの水の蒸発を加速化する。乾燥農場地域全体は，湿潤地域以上に多くの日光を受け取る。事実，日光の量は，おおまかに，年降水が減少するにつれ増加するといわれる。乾燥および半乾燥地域の大部分で日照時間は，1日の70％以上である（第4図）。

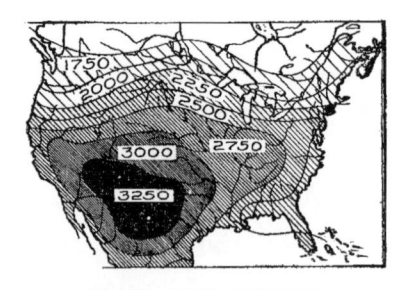

第4図　年平均日照時間数

風

どの地域の風も，その水分消散力のために，乾燥農法の成功のために重要な役割を果たす。永続的な風は，多量の降水や注意深い耕耘の利益の多くを相殺する。大気の動きに関連して重要な一般法則が定式化されたが，その法則は，農業地域に対する風の影響を判断する際にほとんど価値がない。しかし，地域的な観察を通して，農業者は風のありそうな影響を推定し，その上で，適切な栽培上の保護手段を講ずる。一般に，ある地域で生活している人々は，特別に観察しなくとも風があるかないか理解できる。合衆国の乾燥農場地域で，かなり強くそして継続して風の吹くある広大な地域は，ロッキー山脈東部の大平原地域である。その地域の乾燥地農業者は，必然的に，妨げられていない風やよく耕耘された休閑地で吹く風によって自然的に誘起された過大な蒸発を妨げる栽培方法を採用しなければならない。

要　約

乾燥農場地域は，平均10～20インチの少雨によって特徴づけられ，その分布

第4章　乾燥農場地域——一般的な気候要因——

には明確に少夏雨のある冬・春多雨型，そして，少冬雨のある春・夏多雨型，という2つの型がある。雪は，その地域の大部分で降る，しかし，山岳諸州以外の地域ではすぐに溶けてしまう。乾燥農場地域全体は寒冷に対して温暖と分類される。かなり強くそして永続的な風は大平原でのみ吹く，けれども，地域条件がその他の場所で強い恒常的な風の原因となる。空気は乾燥し，日光は極めて豊富である。要するに，乾燥農場地域にはほとんど降水がない，しかも，気候要因は自然的に急激な蒸発を引き起こす。

　この知識の点からすれば，湿潤地域で発達した農法をしばしば不注意に使用する数千の農業者が合衆国の現在の乾燥農場帝国に困難と貧困のみを発見したことは驚くにあたらない。

早　魃

　早魃は，乾燥地農業者の第1級の敵であると言われる，しかし，誰もその意味に同意しない。本書の目的のために，早魃は不十分な水供給のために作物が成熟に達しない状態と定義する。一般に，神意（providence）が早魃の原因に帰せられていた，しかし，上記の定義によれば，通常，人がその原因である。しばしば，かなり乾燥した年がある，しかし，もし適切な農法が実施されていたならば，作物の失敗を引き起こすほど乾燥する年はめったにない。早魃には4つの主原因がある。すなわち，①不適切なあるいは不注意な土壌の準備，②土壌中への自然の降水の貯えぞこない，③作物が必要とするまで土壌中に水分を保持するための適切な耕耘のしぞこない，そして，④有益な土壌水分に対して種子を播きすぎること，の4つである。

　不時の霜，ブリザード（猛吹雪），サイクロン（インド洋の大規模な熱帯性低気圧…訳者注），竜巻あるいは雹（haul）による作物の失敗は，恐らく神意に帰される，しかし，乾燥地農業者は，早魃による作物被害の責任を受け入れなければならない。その地域の気候条件についての正確な知識，少雨下での無灌漑農業の原理についての十分な理解そして地域的気候条件に適用されるようなこれらの原理の精力的な適用によって，乾燥農場の失敗は稀なものにされるであろう。

第5章　乾燥農場土壌

　降雨は，乾燥農法を成功させるために重要であるが，乾燥農場の土壌ほどではない。浅い土壌で，あるいは砂礫層（gravel streaks）で一杯の土壌では，多雨であったとしても作物の失敗は起こりうる。しかし，多くの水が貯えられ，そして根に十分な活動空間（feeding space）をも提供する，砂礫あるいは硬盤（hardpan）によって壊されなかった均一な構造を持つ深い土壌であれば，極めて少雨であったとしても多収が得られる。同様に，土壌が豊沃でなければ，深くまた多雨であったとしても，豊作（good crops）のために頼りにならない。しかし，豊沃な土壌であれば，さほど深くないし，さほど多雨でないとしても，確実に多量の作物を成熟させる。

　地表面から深さ10フィートまでの土壌について正確に理解することは，ある地域の乾燥農場の可能性についての確かな判断が下される前に，まったく必要なことである。特に，降雨やその他の気候要因に応じて合理的に採択される優れた農法（intelligent system of farming）の策定のためには，(a)土壌の深さ，(b)土壌構造の均一性，そして(c)土壌の相対的豊沃性を知ることが必要である。

　残念なことに，合衆国およびその他乾燥農場地域の土壌に関する我々の情報の多くは湿潤諸国の農法に従ってまたその必要のために獲得されており，それ故に，乾燥農法の発展のために必要となる乾燥および半乾燥土壌についての特別な知識は少なくかつ断片的である。乾燥土壌の性質およびそれらと降雨不足下での栽培過程との関連について今日知られていることは，一世代にわたってカリフォルニア州の農業試験（agricultural work）を託されていたヒルガード博士（Dr. E. W. Hilgard）の広範囲にわたる研究や膨大な著述に大きく負うている。乾燥土壌についての将来の研究者は研究に際して必然的にヒルガード博士の先駆的研究に依存しなければならない。本章の内容の大部分はヒルガード博士の著述に依拠している。

土壌の形成

「土壌は，作物がその根によって，その他の生長条件と同様に，足場や養分 (foothold and nourishment) を見いだす多少とも緩くてもろい物質である」。土壌は，地殻 (earth's crust) を構成する岩石から，風化 (weathering) として広く知られている複雑な過程によって形成される。事実，土壌は粉砕された岩石の変化物にすぎない。岩石から土壌を生み出す要因としては明確に物理要因と化学要因との2要因がある。土壌生成の物理要因とは岩石の単なる砕粉化にすぎない，他方，化学要因は，土壌粒子が形成された岩石とは異なるほど徹底して土壌粒子の本質的性質を変えてしまう。

物理要因のうち，温度変化は時間の順序からいえば最初であり，恐らく最も重要である。岩石は，日中の温度が上昇するにつれ，膨張し，冷たい夜が近づくにつれて，収縮する。この交互に起こる膨張と収縮によって，やがて岩石の表面にひびが入る。このようにして形成された割れ目に，雪あるいは雨の水が入り込む。冬が来ると，このひび割れの中にある水は結氷し，膨張し，個々のひび割れをさらに広げる。これらの過程が毎日，毎年そして毎世代繰り返されると，岩石の表面はぼろぼろになる。このようにして形成されたより小さな岩石は，同じ要因によって，同じ方法で作用を受ける，そしてこのように砕粉化の過程は続く。

それから，常に温度変化と結びついて作用する土壌形成の第2の大きな要因が結氷 (freezing water) であることは明らかである。この方法で形成された岩石粒子は，しばしば山地渓谷に流下され，そこで大河川に捕らえられ，より細かな粉末にされ，そしてついにより下流の渓谷に堆積される。かくして，流水 (moving water) は，土壌生成のその他の物理要因となる。合衆国およびその他諸国にある広大な乾燥農場地域を覆っている土壌の大部分は，この方法によって形成されたものである。

その場で，ゆっくりと渓谷を移動する氷河 (glaciers) は，通過する岩石を崩し粉にし，そしてそれを土壌としてより低いところに堆積する。しばしば恒常的に強風が吹くその他の場所で，細かな土壌粒子が大気によってつまみ上げら

れ,岩石に投げつけられる,そしてそれはこの作用下で,幻想的な曲線を描く。さらにその他の場所で,強風によって土壌は遠くまで運ばれ,他の土壌と混ぜられる。最後に,海岸で,沿岸沿いの岩石にぶつかり,多くの小石を前後にローリングする大波は,土壌が形成されるまで岩石を崩し粉砕しつづける。それ故に,氷河,風そして波もまた土壌形成の物理要因である。

注意することは,これらの要因すべての作用の結果は岩石粉末の形成であり,そしてその各々の部分は,岩石の構成部分であったので,その岩石の性質を保持している,ということである。さらに注意することは,これらの土壌形成要因の主なものが湿潤地域以上に乾燥地域で活発に作用する,ということである。制限雨量地域の澄みきった空や乾燥した大気下で,日々のそして季節的な温度変化は,多雨地域以上に大きい。結果として,岩石の粉砕化は,乾燥農場地域で最も急速に進行する。土壌形成者として温度変化や結氷について第二次的であるにすぎない継続的な強風の存在もまた湿潤諸国以上に乾燥諸国で通常一般的である。このことは例えばコロラド砂漠や大平原で顕著である。

上述の過程によって形成された岩石粉末は,その化学的性質を変える効果のある諸要因によって継続的に作用を受けつつある。これらの諸要因中の主なものは水であり,水にはすべての既知の物質に対する溶解作用がある。純粋な水には,強力な溶解作用がある,しかし,水が,自然と起こりうることであるが,多種の物質によって不純になったとき,溶解作用はさらに強力になる。

土壌形成を考えるとき,最も効力のある水不純物はガス,つまり,二酸化炭素(carbon dioxid)である。このガスは,作物あるいは動物物質の腐敗に伴い常に形成されるので,普通は大気や土壌中に見いだされる。雨水あるいは流水は大気や土壌から二酸化炭素を集める。ほとんどの自然水は,そのことと無関係ではない。最も硬い岩石部分は,炭酸水(carbonated water)によって分解され,他方,石灰岩あるいは石灰を含む岩石もそれによって容易に分解される。

炭酸水の土壌粒子に対する作用の結果,重要な作物栄養の多くが可溶性化されるので,作物にとってより有益となる。このようにして,二酸化炭素やその他の物質を溶液で保持する水の作用によって,土壌はより豊沃となりがちである。

土壌形成の第2の重要な化学要因は大気中の酸素である。酸化(oxidation)

は多少とも急速な燃焼過程であり，そしてそれは岩石の分解を加速化する。

　最後に，土壌中で生育する作物は，土壌形成の強力な要因である。第1に，土壌に侵入する根は，強力な圧力となり，土壌粒子を粉砕するのに役立つ。第2に，作物根の酸は，実際，土壌を分解する，そして第3に，腐敗しつつある作物の中で多くの物質が形成されるが，そのうちの二酸化炭素には，土壌をより可溶性化する能力がある。

　水，二酸化炭素そして作物という土壌中で化学変化を誘起する3つの主要因が湿潤地域で最も活発であることが注意されるであろう。それ故に，土壌形成の物理要因が乾燥気候で最も活発であるけれども，化学要因についてはそうではない。しかし，乾燥気候あるいは湿潤気候いずれにおいても上で概述した土壌形成過程は，本質的に乾燥農場農地に与えられた「休閑，あるいは休息期間の過程である」。休閑は数ヵ月あるいは1年続く，他方，土壌形成過程は常に進行しており数時代続いた。結果は，質的に，ただし量的にではないが，同じである－岩石が粉砕化され，そして作物栄養が遊離される。この関連で，気候的差異が，通常，1種のそして同種の岩石から形成された土壌の性質に著しい影響を及ぼすことが思い出されなければならない。

乾燥土壌の特徴

　上述の土壌形成過程の結果として，粘土と混じりあった極めて種々の大きさの土壌粒子を含む岩石粉末が生じる。より大きな土壌粒子は砂と呼ばれる。より小さなものは沈泥（silt）であり，そして，静水（quiet water）の中で，24時間しても沈澱しないほど小さいものは粘土として知られている（第5図参照）。

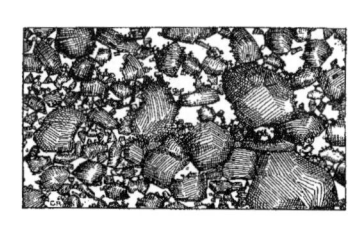

第5図　土壌は種々の大きさの粒子の混合体である。

　粘土は，粒子の大きさのみならず性質や形成の点でも，砂や沈泥とは著しく異なる。粘土粒子は，2,500分の1インチに等しい細かさに達するといわれる。粘土それ自体は，湿りこねられたとき，可塑性となり粘着性となる，そしてこの点で，砂と容易に区別される。これらの性質のために，粘土はより大きな土

壌粒子をかなり大きな集合体にし，そして，その集合体は土壌に与えられた好ましい程度の耕耘に匹敵するという点で，大きな価値がある。さらに，粘土は農業で成功するために重要な要因となる水，ガスそして可溶性作物栄養を多く保持している。土壌は，事実，それに含まれている粘土量に応じて分類される。ヒルガードは以下の分類を示唆する。

極めて砂質土壌（very sandy soils）	粘土含量	0.5～3 %
通常の砂質土壌（ordinary sandy soils）	粘土含量	3.0～10%
砂質壌土（sandy loams）	粘土含量	10.0～15%
粘土壌土（clay loams）	粘土含量	15.0～25%
粘土土壌（clay soils）	粘土含量	25.0～35%
重粘土土壌（heavy clay soils）	粘土含量	35.0%以上

粘土は，ある形態の珪酸化合物（combined silica：石英 [quartz]）を含む岩石から形成される。かくして，花崗岩や結晶性岩一般（granites：crystalline rocks），火山性岩（volcanic rocks）や泥板岩（shales）は，もし適切な気候条件を受けるならば，粘土を生じる。粘土形成の場合，極めて細かな土壌粒子は土壌水分によって攻撃され，強力な化学変化を受ける。事実，粘土は最も細かく粉砕され，そして，最も高度に分解され，かくして土壌中の最も価値あるものとなる。粘土形成の場合，水は最も影響力のある要因であり，したがって，湿潤条件下で粘土形成は最も急激である。

多少とも雨の降らない気候下で形成された乾燥農場土壌は，湿潤土壌に比べて粘土が少ない，と言える。この違いは特徴的であり，そして重粘土土壌が乾燥農場用に最良ではないというしばしばなされた報告の説明となる。事実は，重粘土土壌は乾燥地域では極めてまれである，ということである。せいぜい発見されたとしても，それらは恐らく高い山地渓谷のような異常な条件下で，あるいは有史前の湿潤気候下で形成されたものであるであろう。

砂

粘土にはなりえない砂形成岩は通常珪酸非化合物ないし石英（uncombined silica or quartz）である，そしてそれは砂形成要因によって粉砕されたとき，かなり不毛な土壌となる。かくして通常，粘土質土壌が「重粘」（strong）と

考えられ，砂質土壌が「もろい」(weak) と考えられるようになった。この区別は，粘土形成が急激である湿潤気候では適切であるけれども，本当の粘土が極めてゆっくりと形成される乾燥気候では正しくない。降水不足という条件下で，土壌は自然的にあまり粘質ではない，しかし，砂および沈泥粒子が，湿潤条件下で粘土を生じた岩石から生産されるので，乾燥土壌は，必ずしも豊沃でないことはない。

実験によると，乾燥地域にある砂質土壌の豊沃性は，湿潤地域の粘土質土壌と同様に高く，したがって，作物にとって有益である。さらに，アメリカの乾燥地域，エジプト，インドおよびその他砂漠状地域での経験によると，砂漠の砂が水の施用によって常に優れた収量を挙げることが証明された。それ故に，将来の乾燥地農業者は，もし砂質土壌が乾燥条件下で形成されたものであるならば，その種の土壌を恐れる必要はない。本当に，砂質は乾燥農場土壌の特徴である。

腐植含有量 (humus content) は，乾燥土壌と湿潤土壌とのその他の特徴的な違いである。湿潤地域で作物は土壌を厚く覆うが，乾燥地域では，地表面上にまばらに集められる。湿潤地域で，数世代にわたる作物の腐敗残渣は，土壌上部で高割合の腐植となる。乾燥地域で，不十分な作物生命は，腐植含有量を少なくする。さらに，雨量が豊富であれば，土壌中の有機物は，ゆっくりと腐敗する。対して，乾燥した温暖な気候では，その腐敗は極めて完全である。それ故に，降水不足の国すべてにおける支配要因は，腐植含有量の少ない土壌を生み出しがちである。

乾燥土壌の腐植総量は湿潤土壌と比べてかなり少ない一方，繰り返しの研究によると，その腐植に含まれるチッソは豊富な降水下で形成された腐植に含まれるチッソの約3.5倍である。乾燥農場土壌では砂質が普通一般的であるので，適切な耕耘を土壌に与えるために，粘土含有量が非常に高い湿潤諸国においてほど，それほど多くの腐植は必要とされない。乾燥農場にとってもチッソ含有量が腐植の最も重要な資質であるので，腐植含有量に基づいた乾燥土壌と湿潤土壌との違いは一見して現れたほど大きくはない。

土壌と心土 (soil and subsoil)

降雨の豊富な諸国で，土壌と心土とは明確に区別される。土壌は上部数イン

チで現され，そしてそれは腐敗した作物の残渣で一杯になっており，そして，犂耕，ハローイング，その他の耕耘作業（cultural operations）によって膨軟にされている。心土は多雨の作用によって大きく性質を変えられた，というのは多雨は土壌に染み込む際にそれとともに最も細かな土壌粒子，特に粘土を土壌のより下層にもたらす作用をするからである。

やがて，心土は表土以上に一層明白に粘土質になった。石灰やその他の土壌構成要素（soil ingredients）は同様に降水によって沈下し，そして種々の深さの土壌に堆積するか，あるいはまったく流亡した。結局，この結果として，必要な作物栄養が表土から除去される，また，根や大気さえもが侵入することを困難にするほど心土を堅くする細かい粘土粒子が心土中に蓄積されることになる。風化（weathering）あるいは土壌分解の正常な過程は表土で最も活発に進行するけれども，心土は風化せず生のままである。このことは，湿潤諸国で犂で耕起された心土が数年間風雨にさらされた後にのみ正常な豊沃性の状態になり，作物生産に向けられるというよく知られた事実の説明となる。湿潤地農業者は，このことを知り，犂を深いところにある心土にまで入れないよう通常注意する。

乾燥地域あるいは降水が不十分なところはどこでも，これらの条件はまったく逆である。軽い降雨はかなり深いところにある土壌孔隙を完全に満たすことはめったにない，むしろ，その降雨は膜のようにゆっくりと沈下し，土壌粒子を包み込む。土壌の可溶性物質は少なくとも一部分は分解され，そして雨が浸透する下限にまで沈下する，しかし，粘土およびその他の細かな土壌粒子はあまり下にまで沈下しない。これらの条件によって，土壌と心土は大体同じくらい多孔になる。それで作物根は土壌深くまで侵入でき，大気は土壌を通して自由にかつかなりの深さまで上下に移動することができる。結果として，乾燥土壌は風化作用を受けることになり，そして極めて深くまで作物に養分を提供するのにふさわしい状態になる。事実，乾燥農場地域で，土壌が上部から深さ数フィートに達するまで構造的に均一であり，通常，構成上ほとんどそうであるので，土壌と心土を区別して論じる必要はほとんどない。

50フィート強の深さのある多くの土壌地域は，合衆国の乾燥農場地域にあり，そしてどんな深さにある心土でも，より一層の風化作用がなくとも，優れた作

物収量をあげうることがしばしば実証された。乾燥土壌に特徴的な、この粒状の（granular），浸透性のある構造は恐らく乾燥条件下での岩石の分解から結果する最も重要な1つの性質である。ヒルガードが述べているように、乾燥地域の農業者は、東部諸州の同面積と比較して、重ね合わせて3～4つの農場を所有しているようである。

この条件は乾燥農法の成功のために依拠する原理の開発において最も重要なものである。さらに，湿潤東部の農業者が土壌内部の心土を反転しすぎないよう注意深くしなければならない一方，西部の農業者はこのような恐れをなんら持たないと言われる。反対に，西部の農業者は降水に対する最良の貯水庫（reservoir）や作物根の伸張のための場所を準備するためにできるだけ深く犂耕するよう最大の努力をすべきであった。第6図は乾燥・湿潤地域それぞれの土壌の差異を図形的に示したものである。

砂礫境界層（gravel seams）

しかし，述べなければならないことは，乾燥農場地域の多くで，流水の作用によって土壌が堆積され，この意味では，さもなくば均一である土壌構造が偶然の緩い砂礫層（loose gravel）によって壊される，ということである。このことは，根の下方への侵入に対する極めて重大な障害ではないが，土壌塊の連続性の破壊によってより下層の土壌に貯えられていた水の上方への移動が妨げられるので，乾燥農法にとっては極めて重大なことである。乾燥地農業者はとりわけより下層で粘質す

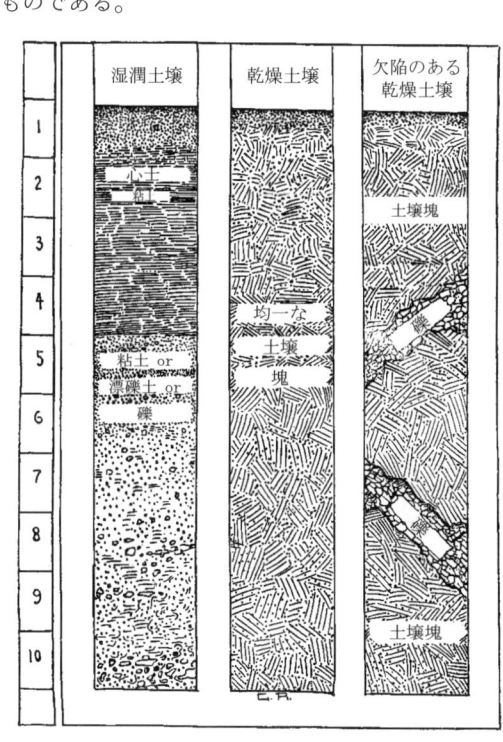

第6図　湿潤土壌と乾燥土壌との構造的な差異

ぎることなく，砂礫の堆積によって壊されることなく，確実に連続した土壌塊を持つようになるために少なくとも8〜10フィートの深さまで利用しようとする土壌を研究しなければならなかった。

硬盤（hardpan）

湿潤地域の重粘心土（heavy clay subsoil）の代わりに，いわゆる硬盤が制限雨量の地域に現れる。おおむね一定である年降水量は毎年ほとんど同じ深さの土壌にまで浸透する。乾燥土壌に非常に豊富に発見された石灰のいくらかは分解され，そして降水が到達する最低地点まで毎年沈下され，そこでその他の土壌構成要素と結合する。この過程が長時間にわたって継続した結果，降水が土壌に浸透していた平均的な深さにカルシウム層が形成される。かくして，石灰が下層へと沈下するのみならず，より細かな粒子も同様な方法で沈下する。特に石灰に乏しい土壌の場合，粘土が徐々に沈下し，やや粘土質の硬盤が形成される。このような方法で形成された硬盤はしばしば根の下方への伸張に対する重大な障害となり，また，年々の降水が日光や風の影響を受けないほど十分深くまで沈下するのを妨害する。しかし，幸運にも，大多数の例で，この硬盤は乾燥農場での適切な耕耘の効果によって徐々に消失する。雨水を土壌に浸入させる深耕や適切な耕耘は，地表下10フィートにある硬盤さえ徐々に壊し破壊する。にもかかわらず，農業者は硬盤が土壌中にあるかどうかを確かめ，それに応じて計画を立てなければならなかった。もし硬盤があるとすれば，土地はより注意深く毎年休閑されなければならない。休閑によって，多量の水が土壌中に貯えられ，その結果，硬盤が緩められ，破壊される。

もちろん，湿潤諸国のように乾燥諸国でも，しばしば土壌の下に，多少とも地表近くに，岩石，泥灰堆積（marl deposits）そして同様な染み込ませないあるいは有害な物質の層があることがある。しかし，このような堆積は降水が少ないところはどこでも通常生じる硬盤として分類されるべきではない。

可溶物の流亡（洗脱：leaching）

明らかに多雨による可溶物の流亡に起因する乾燥・湿潤両土壌間にある違いは，上で概述されたどのこととも同様に極めて重要である。降水が30インチないしそれ以上である諸国で，また，降水が相当少ない多くの場所で，水は土壌を沈下して滞水（standing ground water）に達する。それ故に，湿潤諸国で，

降雨後，土壌を沈下した継続的な放水がある，そして一般に，年中，土壌水の着実な下方への移動がある。放水の様相，味そして化学的構成が明白に示すように，この過程は相当量の可溶性土壌構成成分を流亡させる。

　土壌に根，葉，茎の分解途上の有機物が含まれているならば，土壌中で炭酸ガスが形成される，そしてそれは水中で分解されたとき強力な溶解力 (solvent power) を持つ溶液となる。多くの腐植を含む十分に耕耘された土壌を通過する水は純粋の水以上にかなり多くの物質を流亡させる。土壌からの放水や大河川の水の構成成分についての研究によると，膨大な量の可溶性土壌成分が降水が豊富な諸国の土壌から流出されることが明らかとなる。これらの物質は究極的には大洋に達し，そしてそこでその物質は数代にわたって蓄積され続けた。要するに，大洋の塩分は降水が豊富な諸国の土壌から洗い流された物質に負うている。

　他方，乾燥地域で，降水はわずか数フィート土壌に浸入するにすぎない。やがて，その水は作物あるいは日光の作用によって地表に戻され，そして大気中に蒸発する。適切に耕耘されているならば，乾燥地域や半乾燥地域でわずかの降雨でさえ水がかなり下層の土壌にまで到達する，とはいえ，土壌を沈下して滞水にいたる放水はあるとしてもほんのわずかにすぎない。それ故に，世界中の乾燥地域は海の塩を作り上げる物質を相対的に少量拠出するにすぎない。

アルカリ土壌

　好ましい条件下で，ときどき起こることは，通常，湿潤土壌から洗い流された可溶性物質が多量に乾燥地域に蓄積され，その結果，土地が農業用に適しなくなる，ということである。このような土地はアルカリ地 (alkali land) と呼ばれる。乾燥気候下での賢明でない灌漑によってしばしばアルカリ地域が作り出される，しかし，多くのアルカリ地域は自然に生じたものである。このような土壌は，問題を生じやすいので，乾燥農場用に選択されるべきではない。

作物栄養素 (plant-food content)

　この条件が必然的に直ちに示唆することは，2つの地域の土壌には，豊沃性あるいは作物生命を生みだし維持する能力において大きな差異があるに違いない，ということである。東部の水で洗われた土壌が西部の乾燥土壌と同様に高い豊沃性を保持しているとは信じられない。ヒルガードはこの幾分困難な問題

について長期にわたって入念に研究を行い，乾燥および湿潤それぞれを代表する州における典型的な土壌の構成成分表を作った。第4表は彼が得た若干の平均的結果を示す。

第4表 湿潤・乾燥両土壌における構成成分割合

(単位：個；%)

土壌源	分析サンプル数	構成成分割合						
		不溶性残渣	可溶性珪素	アルミナ	石灰	カリウム	リン酸	腐植
湿潤土壌	696	87.14	4.04	3.66	0.13	0.21	0.12	1.22
乾燥土壌	573	69.16	6.71	7.61	1.43	0.67	0.16	1.13

一般に土壌化学者（soil chemists）は注意深く選択され準備されたサンプルを一定の濃度のある量の酸で処理することによって土壌豊沃性（fertility of soil）を決定しようとした。酸によって分解される部分は土壌豊沃性を示す大雑把な尺度とみられた。

縦軸の項「不溶性残渣」（insoluble residue）は酸によって分解されずに残っている乾燥・湿潤土壌それぞれの平均割合を表している。直ちに明らかとなることは，湿潤土壌では残渣が87であるのに対して乾燥土壌では69であるので，湿潤土壌は，乾燥土壌ほど酸によって溶かされない，ということである。作物生産のために利用される土壌中の唯一の作物栄養は可溶性養分であるので，乾燥土壌が一般に湿潤土壌以上に豊沃であると確かに確定することができる。このことは土壌成分の研究によって確認される。例えば，通常，量的に十分ある重要な作物栄養素の1つであるカリウムは湿潤土壌では0.21%ほど見いだされるにすぎないが，乾燥土壌中に存在するカリウムの量は0.67%であり，湿潤土壌の3倍以上の量となっている。別の極めて重要な作物栄養素であるリン酸は，乾燥土壌中に湿潤土壌よりほんのわずか多い量で存在するにすぎない。このことは，通常，乾燥土壌によって必要とされた最初の肥料がある形態のリン酸であるという幾分よく知られた事実の説明となる。

乾燥土壌と湿潤土壌との化学的構成の違いは恐らくどこでも石灰以上によくは示されない。乾燥土壌中には，湿潤土壌の約11倍の石灰がある。乾燥という条件は石灰の形成を強力に助長する，すなわち，降雨による土壌からの可溶物の流亡がほとんどないので，石灰が土壌中に蓄積する。

乾燥土壌中にある多量の石灰は多くの優れた利点をもっており，うち，次のことが最も重要である。すなわち，①石灰は，多くの有機物が土壌と混じり合っている湿潤気候下で，酸性条件が頻繁に現れるのを妨げる。②他の条件が好都合であるとき，石灰は，いまではよく知られた事実であるが，土壌豊沃性を高め維持するために重要な要因であるバクテリアの活動を活発にする。③やや複雑な化学変化によって，石灰は相対的に小割合にすぎないその他の作物栄養素，特にリン酸とカリウムを作物生長のために有効なものにする。④石灰は有機物が土壌中でチッソの主要部分となる腐植に急速に転化することを助長する。

　もちろん，土壌中に石灰が多すぎることは，乾燥地域では湿潤地域ほどではないけれども，有害である。幾人かの論者によると，8～20％の炭酸カルシウムによって土壌は作物生長のために不適当となる。しかし，大変多量の炭酸カルシウムを含むにもかかわらず，広大な地域に広がり，極めて膨大な量の作物を生産する多くの農地がある。例えば，グレート・ベースンの最も肥沃な地域の1つであるユタ州Sanplete渓谷で，農地は，しばしば40％もの炭酸カルシウムを含んでいるにもかかわらず，その作物生産力はなんら害を受けない。

　表中に，2つの縦軸の項目，つまり，「可溶性珪素」(Soluble Silica)と「アルミナ」(Alumina)とがある，そしてそのいずれもが明らかに極めて大きな割合で湿潤土壌以上に乾燥土壌で見いだされる。これらの土壌成分はその豊富さが作物利用のために有益であるという土壌条件を示している。可溶性珪素やアルミナの割合が多ければ多いほど，土壌は全体としてたいていはますます徹底して分解され，作物はますます容易に栄養を土壌から確保することができる。以前述べたように，第4表によると，違いは期待されるほど大きくはないが，乾燥土壌以上に湿潤土壌で多くの腐植が見いだされる。しかし，雨の降らない条件下で形成された腐植中のチッソは雨の多い諸国で形成された腐植中のチッソの何倍も多い，したがって，乾燥農法諸国でのより小割合の腐植がそのことによって相殺されることが思い起こされるべきであった。

　概して，乾燥土壌の成分構成のほうが，湿潤土壌の構成以上に作物生長に非常に適している。第9章で述べるが，乾燥土壌のより高い豊沃性は，乾燥農法の成功のための一大根拠である。土壌が深いことだけでは十分ではない。少量の水分が作物の生長に十分に役立てられるために，作物に有益な豊沃性が高く

なければならない。

特徴のまとめ

　乾燥土壌は，それらが含んでいる成分の点で，湿潤土壌とは異なる。つまり，粘土はより少なく，砂はより多い，そして豊沃性はより高い，なぜならば乾燥土壌は湿潤諸国で粘土を生み出した岩石から派生しているからである。腐植はより少ない，しかし，ある種の腐植は湿潤土壌の3.5倍も多いチッソを含んでいる。石灰はより多い，そしてそれは多様な方法で，土壌の農業的価値を改善するのに役立つ。すべての重要な作物栄養素はより多い，なぜならば下方放水による可溶性物質の流亡が制限雨量の諸州で極めて少ないからである。

　さらに，乾燥土壌では，土壌と心土との間に実質的な区別はなにもない。乾燥土壌はより深いし，より浸透性がある。それらは構造的により均一である。しかし，乾燥土壌は粘土心土の代わりに，硬盤を持っている，ただし，これは耕耘によって消失する。乾燥土壌の心土は10フィートないしそれ以上の深さまで表土と同様に豊沃である，加えて，豊沃性はより持続する。乾燥土壌と湿潤土壌との間にあるこれらの特徴ある違いを適切に認識できなかったことが，世界中の多少とも雨の降らない地域での多くの作物失敗の主原因となっていた。

　この簡単なレビューによると，あらゆる点を考慮に入れると，乾燥土壌は湿潤土壌よりも優れている。取り扱いの容易さ，生産性，連作可能性において，乾燥土壌は科学的農業の基礎となっていた諸国の土壌をはるかに凌駕している。ヒルガードが示唆したように，世界で最も人口が多く歴史上勢力のあった人々の大多数が水を渇望する土壌に定住していたという歴史資料は，その説明を乾燥土壌の本来的な価値の中に見いだすであろう。バビロンから合衆国に至る遠くにまで達する叫びがある。しかし，それは，水を乞う土壌の最上のメリットを世界に対して大声で発する叫びである。砂漠の利用方法を学ぶことは砂漠を「バラのような花」(blossom like the rose) の咲く場所にすることである。

土 壌 区 分

　合衆国の乾燥農場地域は大まかに5つの大土壌地区 (soil districts) に区分される，そして，その各々は極めて多様な土壌型を含んでおり，そしてその多

第5章 乾燥農場土壌

くは不充分にしか知られておらず，地図化されていない。これらの地区は次の通りである。すなわち，①大平原地区（Great Plains district），②コロンビア河地区（Columbia River district），③グレート・ベースン地区（Great Basin district），④コロラド河地区（Colorado River district），そして，⑤カリフォルニア州地区（California district）である。

大平原地区

乾燥農場地域の境界にいたるまで東方に広がるロッキー山脈の東部斜面に，ハイ・プレイン（high plain）および大平原土壌地区がある。この広大な土壌地区はミズーリ河流域（drainage basin of the Missouri）に属し，そしてノースおよびサウス・ダコタ州，ネブラスカ州，カンサス州，オクラホマ州そしてモンタナ州，ワイオミング州，コロラド州，ニューメキシコ州，テキサス州，ミネソタ州の一部から成る。この地区の土壌は，通常，極めて豊沃である。それらには，多雨の効果がそれらの構成から明らかであるけれども，豊沃性の優れた持続力（good lasting power）がある。平原土壌の各型の多くは極めて注意深くスニーダ（Snyder）およびリオン（Lyon）によって決定された，そしてベーリー（Bailey）の『アメリカ農業百科辞典　第1巻』（Cyclopedia of American Agriculture, Vol.1）で記述されている。

コロンビア河地区

乾燥農場地域の第2の大土壌地区はコロンビア河流域に位置づけられており，アイダホ州およびワシントン州・オレゴン州の東3分の2から成る。この土壌地区のハイ・プレインはときどきパルース（Palouse；コロンビア高原にある広大な小麦地区の東部がパルースといわれている。パルースは西部における最も生産力の高い地方の1つである…訳者注）地方と表現される。この地区西部の土壌は玄武岩起源である。アイダホ州南部に広がる土壌は多くの場所で地表下わずか数フィートにあるやや近年代の溶岩流（lava flow）から成っている。この地区の土壌は一般に火山岩起源であり，極めてよく似ている。通常，それらは火山灰土壌に固有の性質によって特徴づけられる。すなわち，石灰はやや不足気味である，しかし，カリウムやリン酸は豊富である。それらは通常の耕耘によってよく長持ちする。

グレート・ベースン地区

　第3の大土壌地区はネバダ州のほとんどすべて，ユタ州の半分に広がり，アイダホ州，オレゴン州，カリフォルニア州南部の一部分に広がるグレート・ベースンである。このベースンは海へのはけ口（outlet）をもたない。その河川は内陸の大塩水湖（great saline inland lakes）に注ぐ，そしてその主な塩水湖がグレート・ソルト・レイク（great salt lake）である。これら内陸湖（interior lakes）の広さは，それらに流入する水量やその地域の乾燥した大気中への水の蒸発率によって決定される。

　地質学的に近年代には，グレート・ベースンは水で満たされており，コロンビア河へと流れ込むボネビル湖（Bonneville lake；米国西部に有史前の時代にあった湖で，現在のグレート・ソルト・レイクのこと…訳者注）として知られた巨大な淡水湖（fresh-water lake）を形成していた。この湖の存在中に，土壌が山岳地から湖へと洗い流され，そして湖底に堆積した。ついに，湖が消失したとき，湖底が露わになり，いまやグレート・ベースン地区の農地になっている。この地区の土壌は深さや均一性，石灰の豊富さ，そして通常の量で存在する一方，豊富すぎることはないリン酸を除くすべての重要な作物栄養によって特徴づけられる。グレート・ベースン土壌はアメリカ大陸で最も豊沃な土壌の部類に入る。

コロラド河地区

　第4の土壌地区はコロラド河流域にある。それはユタ州南部の多く，コロラド州の一部，ニューメキシコ州の一部，アリゾナ州のほとんど全部，カリフォルニア州南部の一部から成る。この地区は，その北部で，しばしば High Plateaus と表現される。土壌は地質学上比較的近年代に形成された容易に分解する岩石から作られ，そしてその岩石それ自体は西部の大部分を覆った浅い内海の堆積物から形成された，といわれるものである。この地区を貫流する河川はこの地方の多くで横切ることが困難な絶壁のある無数の峡谷を作った。土壌のいくらかは極めて粒子が細かであり，しっかり固まっており，したがって，それらが適切な耕作状態にもたらされるまえに相当な耕耘を必要とする。多くの場所で，土壌には硫酸カルシウム（calcium sulphate）あるいは通常の石膏結晶が多く含まれている。しかし，土壌豊沃性は高い，そのために，適切に耕耘されるならば，それらは多量かつ良質の収量をあげる。

第5章　乾燥農場土壌

カリフォルニア州地区

　第5の土壌地区はサクラメント (Sacramento) およびサン・ジョアキン (San Joaquin) 河流域のカリフォルニア州にある。土壌は典型的な乾燥土壌であり，高い豊沃性とその優れた持続力をもつ。それらは西部の最も価値ある乾燥農場地区のいくつかを代表している。これらの土壌はヒルガードによって詳細に研究された。

上記5地区での乾燥農法

　これら5つの大土壌地区のすべてで乾燥農法が大成功裏に試みられたことを注目することは興味深い。極端な砂漠的条件がしばしば普通一般的であり，また，降雨がわずかであるグレート・ベーズンやコロラド河地区でさえ，無灌漑で収益作物の生産が可能であるということが発見された。不運であることは，合衆国の乾燥農法地域に対する研究がその土壌の包括的かつ正確な地図化を可能にするほどには十分前進しなかった，ということである。この課題についての我々の知識はせいぜい断片的にすぎない。しかし，我々は本章で述べたように，乾燥土壌を特徴づける性質が，まさに列挙された5大地区を含む乾燥農法地域の土壌によってもたれることを確実に知っている。乾燥土壌の特徴は，降雨が減少しそしてその他の乾燥条件が増すにつれ，強くなる。それらは，我々が降水の多い地域に向けて東へあるいは西へ行くにつれてあまり注目されなくなる。すなわち，最も高度に発達した乾燥土壌はグレート・ベーズンやコロラド河地域に見いだされ，最も発達していないものはグレート・ベーズンの東端に見いだされる。

土壌の判定

　土壌の化学分析は，その他の多量の情報によって伴われなければ，農業者にとってほとんど価値がない。乾燥農場の将来性を判定するさいの主要点は以下の通りである。すなわち，土壌の深さ，少なくとも10フィートの深さまでの土壌の均一性，土着の植生，早・晩霜に関連する気候条件，年降水総量とその分布，そして近隣で栽培されていた作物の種類や収量である。

　土壌の深さは掘削錘 (auger) の利用によって最もよく測定される (第7図)。

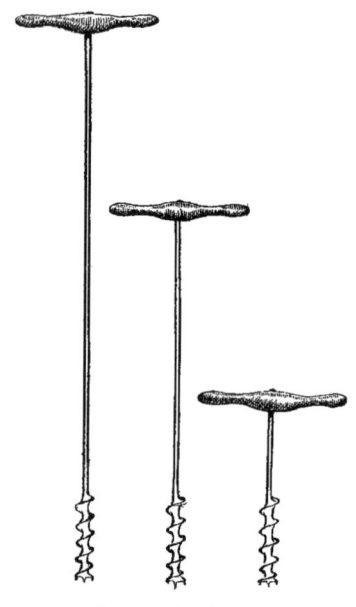

第7図　土壌掘削錘
乾燥農場の心土は土壌掘削錘を使って研究されるべきである。

簡単な土壌掘削錘は直径1.5～2インチの通常の大工用の掘削錘に3フィート強の柄を付けることによって作られる。地域ごとの掘削錘を携帯することが不都合であるところでは，しばしば3本の掘削錘を作らせることが得策である。すなわち，1つが3フィート，2つ目が6フィートそして3つ目が9～10フィート長の3本である。最初，短い掘削錘が利用され，そしてボーリングの深さが増すにつれて，第2，第3の掘削錘が利用される。ボーリングは平均的な場所で何度も行われるべきであった―できれば，時間と条件が許すならば，エーカー当たり1回以上ボーリングをすべきである―そしてその結果は農場地図に記入されるべきである。土壌の均一性はボーリングの進行とともに観察される。もし砂礫層があるならば，それらは必然的にボーリングの進行を中断させる。これらの試行によってどんな硬盤も見つけだされる。

　気象情報は地方気象局からまた地域のより古くからの居住者から集められるにちがいない。

　土着の植生は常に乾燥農場の可能性に対する優れた指標である。もし土着の草の生長が十分であるならば，適切な栽培方法をすれば乾燥農法が究極的には成功することについてどんな疑問もありえない。セイジブラッシュ（sagebrush；サルビア〔sage〕に似たキク科ヨモギ属の artemisia の作物の総称；松葉状に深く裂けた葉が茂る；米国西部の不毛地に多い；飼料になる…訳者注）の健全な生長は無灌漑農法が実行可能であることの絶対に確実な指標である。より乾燥した地域に生えているラビットブラッシュ（rabbit brush；キク科クリソタムヌス属の低木の総称；米国西部およびメキシコ産；枝には白い毛が密生し，花は黄色…訳者注）も通常，しばしば取り扱いが容易ではない土壌を示すけれども，優れた指標である。グリースウッド

(greasewood；アカザ科の低木の一種；少量の油を含む；米国西部産…訳者注)，シャドスケール (shadscale；ハマアカザ属の低木；米国西部産…訳者注) およびその他類似の作物は，通常，しばしばアルカリを含む重粘土壌の印である．このような土壌は，通常，灌漑によって十分な満足を与えるけれども，乾燥農法にとって最後に選択されるべきものであった．もし土着のヒマラヤ杉（cedar）あるいはその他の土着の木々がおびただしく生長しているならば，それは優れた乾燥農場の可能性に対する別の指標となる．

第6章　作物の根系

　乾燥地域や半乾燥地域では，土壌が著しく深いことや豊沃性が高いことによって，湿潤地域よりも降水量が極めて少なくとも農作物の収益的な生産が可能となった。この原理を十分に理解するために，乾燥条件下で生長する作物の根系についての我々の知識を簡単に振り返ることが必要となる。

根の機能

　根は少なくとも3つのそれぞれ異なった利用あるいは目的に役立つ。すなわち，第1に，根は，作物に土に対する足場を与える。第2に，根は作物に生長に必要な多量の水を土壌から確保させる。そして第3に，根は作物に土壌からのみ獲得される必要不可欠な無機質栄養を確保させる。作物は生長に際して水や栄養の適切な調達を極めて重要とするので，ある特定の土壌で，作物収量は通常根系の発達と正比例する。根の発達が妨げられるときはいつでも，地上での作物の生長は同様に妨げられ，その結果，不作となる。しかし，根の重要性は十分に評価されない，というのは根は直接的な視野から隠されているからである。乾燥農法の成功いかんは主として作物根の十分かつ自由な発達を容易にする作業慣行の採用に依る。乾燥土壌の性質が，前章で説明したように，根の十分な発達を比較的容易にするというものでなければ，乾燥農法を確立するという試みは恐らく無益なことであったであろう。

根の種類

　根は地下に発見される作物の一部分である。根には数多くの枝根（branches），小枝根（twings），細糸根（filaments）がある。種子の発芽に際して最初に形成される根は第1次根（primary root）である。この第1次根からその他の根が発

達し,そしてそれは第2次根となる。第1次根が第2次根以上に急速に生長するならば,ルーサン,クローバーおよび同様な作物に特徴的であるいわゆる主根(taproot)が形成される。他方,主根がゆっくり生長するあるいはその生長を中断するならば,また,数多くの第2次根が長く伸長するならば,繊維状根が生じることになり,これは穀物,牧草,トウモロコシおよびその他の同様な作物に特徴的な根である。どのタイプの根でも生長方向は下方である。根の下方侵入のための条件が不都合であるならば,根は横へ大きく拡張し,そして表面近くに存在することになる。

根の広がり

多くの研究者は地上にある作物重量と比較して根重量を測定しようとした,しかし,その課題は実験が極めて難しいので,あまり正確に説明されなかった。1867年に実験したシュマッヘル(Schmacher)の発見によると,十分に管理された圃場にあるクローバーの根重量はその年の茎葉の総重量と同様に多かった,また,エン麦の根重量は種子と藁の総重量の43%であった。数年後のノベ(Nobbe)の発見によると,彼の実験の1つで,チモシーの根重量は乾燥総重量の31%であった。同課題を研究している同時期のホザエウス(Hosaeus)の発見によると,チャヒキ(brome grasses;イネ科スズメノチャヒキ属bromusの草の総称…訳者注)の根重量は地上部分と同量であった。同じく,セラデラ(serradella;クローバーの一種;家畜の飼料,緑肥…訳者注)では77%,亜麻では34%,エン麦では14%,大麦では13%,そしてピースでは9%であった。1893年にユタ州試験場で試験したサンボーン(Sanborn)はまったく同様な結果を得た。

これらの結果は,一致していないけれども,根重量が多くの場合にその課題にほとんどあるいはなんの注目もしなかった人々の信念をはるかにこえて相当量であることを明らかにする。注目すべきは,上で得られた数字を基準にすると,平均的な小麦の1エーカー当たり根重量が1,000ポンド近く―恐らくはより多い―であったことは極めてありそうなことである,ということである。上述の結果を生み出した研究すべてが湿潤気候のところで,そして根系についての研究方法がまだ発達していなかったときに行われたことが想起されるべきで

あった。それ故に，得られたデータは十中八九最小結果を表している，したがって，試験がいま繰り返されたならば，その結果は著しく増加する，と考えられる。

　根，茎そして葉のそれぞれの重量比較から，根の多さだけが表されるわけではない。総根長はより顕著でさえある。ドイツ人研究者ノベは，1867年頃に行った労多い実験で，種々の作物についてそれぞれの細根 (fine roots) すべての長さを加算した。彼の発見によると，根の長さ，すなわち，1小麦の総根長は約268フィートであり，また，1ライ麦の総根長は約358フィートであった。ウィスコンシン州のキングは，彼の実験の1つで，1トウモロコシが深さ3フィートの土壌で1,452フィートの根を生産したと推定する。これらの驚くべき大きな数値は根が土壌に徹底して侵入することを強調して示す。第8～12図はさらに根が土壌に広がる度合いという着想を与える。

根が土壌に侵入する深さ

　より初期の根研究は根が実際土壌に侵入する深さを測定しようとはしなかった。しかし，近年，農作物が土壌に侵入する深さに関する正確な情報を得るための実験がニューヨーク州，ウィスコンシン州，ミネソタ州，カンサス州，コロラド州そして特にノース・ダコタ州の各州試験場で数多く注意深く行われた。乾燥農法のために，コロラド州を除くこれらの諸州すべてが合衆国の湿潤地域あるいは半湿潤地域にあることはやや残念なことである。そうではあるけれども，実験から引き出された結論は乾燥農法の原理の発達に確かに役に立つようなものである。

　農業者の間にある一般的な信念は，すべての栽培作物の根が極めて地表近くにあり，ほとんど1～2フィート以上深くには入らない，というものである。アメリカで行われた研究から得られた最初の顕著な結果は，あらゆる作物が例外なく初期に考えられていた以上に深くまで土壌に侵入する，ということであった。例えば，トウモロコシの根が地中4フィートまで侵入し，またその根がその深さまでの土壌中に十分に広がっていることが見いだされた。

　より深いそしてやや乾燥した土壌で，トウモロコシの根ははるか8フィート

第6章 作物の根系

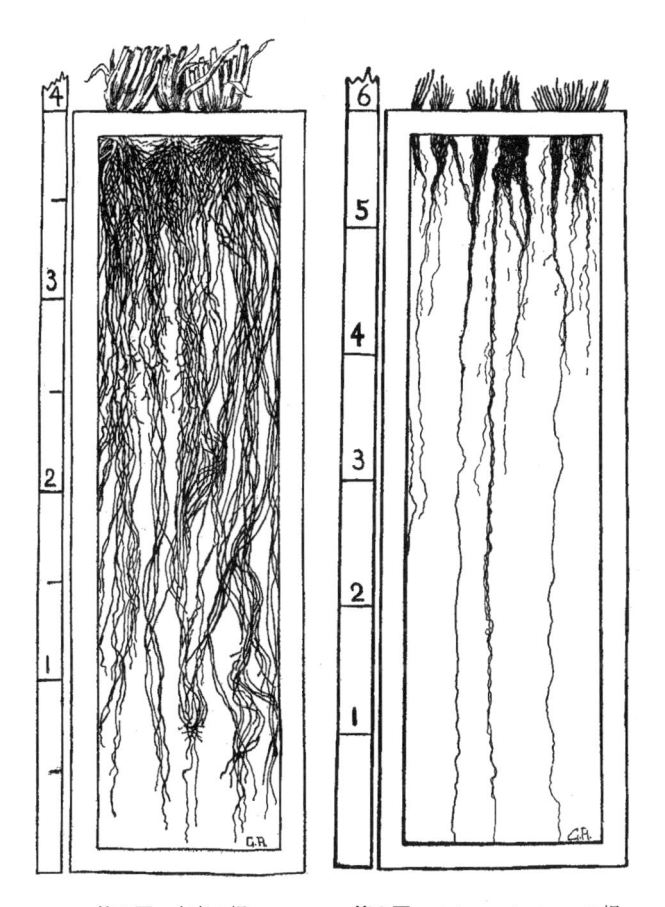

第8図 小麦の根　　**第9図** アルファルファーの根

の深さまで侵入した。小粒穀物－小麦, エン麦, 大麦－の根は土壌中4～8ないし10フィートの深さまで侵入した。種々の多年生牧草は土壌中で初年に4フィートの深さまで根を伸ばし, 次年には5.5フィートの深さまで根を伸ばした。根は疑いなく伸長したのに, 近年にいたるまで根が土壌に侵入する深さについてなんの測定も行われなかった。アルファルファーはアメリカの各試験場で研究された全作物中最も土壌深くまで根を伸ばした作物である。ポテトの根の土壌中での広がりは3フィートの深さまでであり, テンサイの根の広がりは約4フィートの深さまでであった。

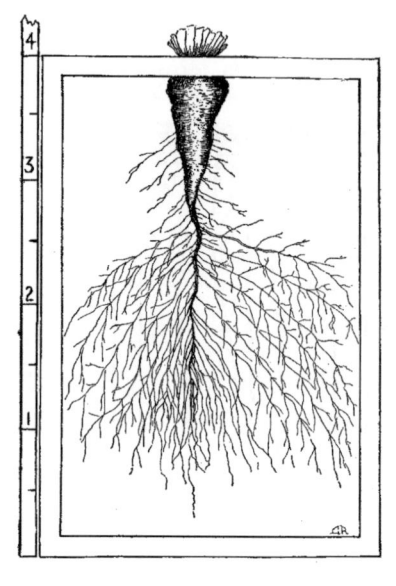

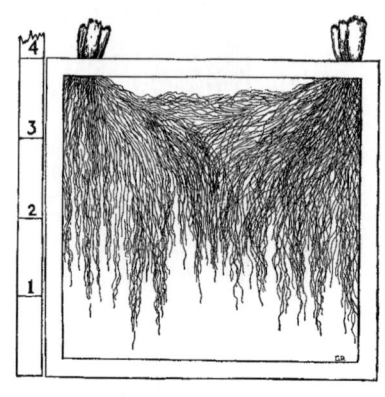

第10図　テンサイの根　　　　第11図　ニンジンの根

　実験において普通一般的である条件下で，そして，根を異常な深さまで広げさせようとはしなかったあらゆる場合に，通常の圃場作物の根の正常な深さは3〜8フィートであったようである。心土耕（sub-soiling）や深耕によって根は土壌中深くまで侵入することができる。これらの作業の結果の正確性については，ほとんど疑問がなくなるまで通常の実験によって確かめられた。
　これらの結果のほとんどすべては湿潤気候のやや浅い，そして多少とも豊沃ではない心土が下にある湿潤地で得られた。事実，それらの結果は作物生長にとって実際都合の悪い条件下で得られた。乾燥あるいは半乾燥下で形成された土壌が一様に深くかつ多孔であること，また，心土の豊沃性が，たいていの場合，実際，表土と同様に高いことについてはすでに第5章で説明した。それ故に，乾燥土壌では，根がかなりの深さまで比較的容易に侵入できるという優れた機会があるし，また，心土すべてにわたって根が十分に発達できるという機会がある。さらに，土壌が多孔であることは土壌中への大気の流入を容易にする，そしてそのことは土壌中の大気（soil atmospere）を浄化し，そしてそのことによって根が発達するための条件をよりよくするのに役立つ。その結果，乾

燥地域で根が通常湿潤地域以上に土壌中深くまで侵入することが期待されるはずである。

　さらに想起されるべきことは，根はたえず養分や水を捜しており，したがって，これらの物質が最も豊富にある方向に伸張しやすい，ということである。乾燥農法では，土壌水分はかなりの深さ—10フィート強—まで多少とも均一に貯えられている。そして，たいていの場合に，春から夏にかけての水分割合は地表下数フィートで地表上層2フィートと同じかあるいはより多い。したがって，そのとき，根はより多くの水供給がある深さまで下に向かって伸びていくはずである。特に，この傾向は深い土壌全体にある有効な土壌豊沃性によって強められる。

　多くの灌漑地域では，根がそれほど深くまで土壌に侵入しないことが議論された。これは本当である，なぜならば現在の浪費的な灌漑方法によると，作物が多くの水を時機の悪い（untimely）生育期間にも受け取ることになり，したがって，水が極めて豊富に利用される地表近くでいつも水を得る習性を根が獲得するようになるからである。この意味は作物が旱魃時により一層苦しむことになるのみならず，根の摂水基盤がより狭いので，収量も同様に少ないはずである，ということである。

　作物根が乾燥地域で土壌に侵入する深さに関するこれらの結論は，実験や一般的観察によって十分に確証される。ユタ州試験場の研究者は乾燥農場で栽培された作物根が10フィートの深さまで到達していることを繰り返し観察した。長さ30〜50フィートのルーサンの根が山地急流（mountain torrents）によって作られた小渓谷でしばしば露わにされたことがある。木々の根は同様に相当な深さまで伸長する。ヒルガードは地表下22フィートの深さにあるブドウの木の根を発見し，また，ネブラスカ州の土着のShepherdiaの根が50フィートの深さにあることを発見したアウゲイ（Aughey）を引用する。さらに，ヒルガードはカリフォルニア州で小麦や大麦のような繊維根作物（fibrous-rooted plants）が砂質土壌で4〜7フィートの深さまで伸長することを明らかにする。また同様に，西部乾燥地域で適切に育てられた果樹は，それらの根をかなりの深さまで送り出すことが観察される。事実，木の根系が広がりや枝分かれを考慮すると木の地上部に相当するということが，根が土壌に容易に侵入できる多

くの乾燥地域での慣習となった。

いま，一般に，乾燥気候下で育てられた作物が土壌中でそれらの根をまっすぐ下に向かって送り出すことが観察されるはずである。それに対して表土がまったく湿っており，心土が硬い湿潤気候下では，根は横に枝分かれし，そして上部1～2フィートの深さの土壌に広がる。この違いはここに作製された図解（第12図）によって明確にされる。深耕の危険性については多くのことが言われ，書かれもした，なぜならば，深耕は地表近くで養・水分を摂取している根に害を与えがちであるからである。このことが湿潤諸国でいかに真実であろうとも，主として乾燥農法に関心をもつ地域では重要ではない。さらに，異議がしばしば明言されるほど湿潤諸国で正当であるかどうかは疑わしい。本当に，深耕は，特に作物あるいは木の近くで行われたならば，地表で養・水分を摂取している根を破壊する，しかし，このことは土壌中より深くにある根に心土をよりよく利用させることになるにすぎない。

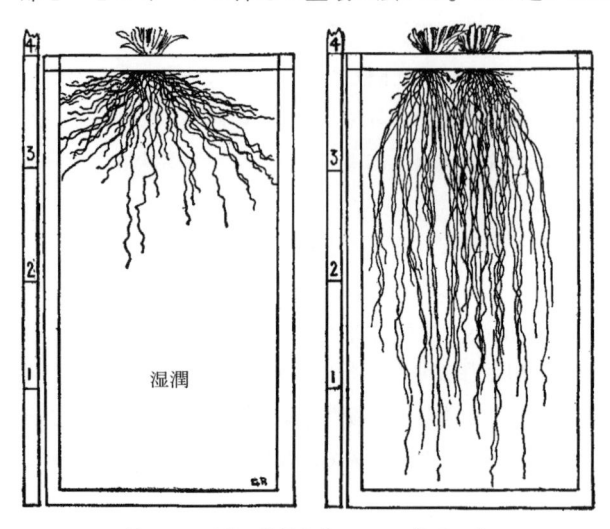

第12図　湿潤・乾燥条件における根系の差

乾燥地域でのように，心土が豊沃であるので，十分な水量を提供するならば，地表近くの根の破壊はなんら障害とはならない。反対に，旱魃時に，土壌中深くにある根は，暑い太陽あるいは萎れさせる風を避けて都合のいいときに養・水分を摂取する，その結果，作物は生き残り，豊かな成熟へと達する，他方，浅い根をもつ作物は萎れ，枯れるあるいはわずかな収量を生産するにすぎないほど大きな害を受ける。それ故に，本書で展開したような乾燥農法に従えば，そして，農業者がその農法を実行する能力を持っているかぎり，根は下に向かっ

て土壌中を伸長することになり，その結果，深耕によってなんらの害も感知されないことが理解されるにちがいない。

　乾燥地農業者の主な試みの1つは作物根が土壌中深くまで根を伸ばすことをみることであるにちがいない。このことは適切に播種床を準備し，そして，土壌中より深くまで十分に貯水させることによってのみ行われる，だから作物根は下降すべくきっかけが与えられる。この理由で，幼作物が発根するとき上部土壌中の水分が多すぎることは，実際，それらにとって有害となる。

第7章　土壌中での貯水

　作物物質（plant substance）の生産のために必要となる多量の水は根によって土壌から吸収される。葉や茎は相当量の水を吸収しない。それ故に，乾燥農場地域での不十分な降雨あるいは湿潤地域でのより豊富な降雨は，作物生長にふさわしい時期に根に対して土壌水分として容易に役立ちうるような方法で，土壌に吸収されるようにされなければならない。

　湿潤諸国で，生育期間中に降る雨は，多収を得るための実に効果的な要因としてまったくふさわしく期待される。このような湿潤条件下で育てられた作物の根系は地表近くに広がり，そしてたとえ降雨が土壌中深くまで染み込まないとしても，それを直ちに吸収する用意をしている。第4章で述べたように，はなはだしい降水不足が生育期間中に生じるのは，わずかの乾燥農場地域においてのみである。乾燥・半乾燥地域の大部分で，夏にはほとんど雨が降らず，そして降水の多くは作物が生育していない晩秋，冬から早春にかけてある。もし生育期間中に降る雨が作物生産に必要不可欠なものであるならば，乾燥農法によって開拓される地域は厳しく制限されることになる。総降水の多くが夏にあるときでさえ，乾燥農場地域の雨量が作物の適切な成熟のために十分であることはめったにない。事実，乾燥農法の成功いかんは主として年のどの季節にも降る雨が生育のために作物が必要とするときまでいかにうまく土壌中に貯えられ，保持されるかに依存している。乾燥農法の基本作業は年降水のできるだけ多くを土壌に貯えさせるように土壌を管理することである。この土壌管理のために，乾燥地域の特徴である深い，やや多孔な土壌がこのうえなくよく適応する。

アルウェイ（Alway）の証明

　播種時期に土壌に貯えられていた水分で作物を成熟させる可能性についてア

第7章　土壌中での貯水

第13図　アルウェイの実験：穀実は植え付け時に土壌中にあった水分で成熟した。発芽後，水は追加されなかった。

ルウェイは重要かつ独特な実証を行った（第13図）。6フィート長の亜鉛引鉄板製筒（cylinders of galvanized iron）に，位置と状態が自然にできるだけ近くなるように土壌が一杯に詰められた。浸出（seepage）が始まるまで水が加えられ，その後，過多分は排水された。浸出が止まったとき，その筒は表面を除いて閉ざされた。春小麦の発芽粒（sprouted grain）が湿った地表土壌に播かれ，そして蒸発を防ぐために1インチ厚の乾燥土壌で地表が覆われた。これ以上の水は追加されなかった。すなわち，温室（green house）内の空気はできるだけ乾燥状態に保たれた。小麦は普通に成長した。最初の穂は播種後132日目に熟し，最後の穂は143日目に熟した。半乾燥地ネブラスカ州西部産の3筒の土壌からは37.8 gの藁と，重さ11.188 g，415粒からなる29穂とが生産された。湿潤地ネブラスカ州東部産の3筒の土壌からはわずか11.2 gの藁と，重さ3 g，114粒からなる13穂が生産されたにすぎない。この実験によると，もし土壌が播種時に水分で十分に満たされているならば，作物の成熟のために，生育期間中に雨が必要ではないということが決定的に明らかにされる。

雨水はどうなるのか

　地面に降る雨水は3つの方法で処分される。すなわち，第1に通常の条件下で，大部分は土壌に浸透せずに流亡する。第2に一部分は土壌に浸透する，しかし，地表近くに留まる，そして急速に大気中へ蒸発して戻る。第3に，一部分は土壌下層まで浸透し，そして後にいくつかの別々の過程によってそこから除去される。第1の流亡（run-off）は通常多い，特に，乾燥農法地域では深刻な損失である，つまり，そこでは盛んに生長している作物のないこと，やや硬い・太陽に焼かれた土壌，そして急流によって形成された数多くの排水路とが結び付いて雨水を容易に流れの速い川へ逃がしてしまうからである。乾燥条件を熟知している人は，しばしば数千平方マイルにも及ぶ地域の水を受けることになるので，狭い箱状の峡谷がわずかの降雨の後でもどれくらい速く奔流で満たされるかを知っている。

流　　亡

　土壌の適切な耕耘によって，流亡による損失は著しく減少する，しかし，このような耕耘土壌でさえ，流亡割合はしばしば極めて大きい。ファレル（Farrel）のユタ州試験場での観察によれば，どしゃぶりの雨の中－4時間で2.6インチ－夏季休閑区の地表が硬く鎮圧されていたので，わずか4分の1インチ，あるいは全量の10分の1以下が土壌に吸い込まれただけにすぎないのに，他方，流亡を著しく防いだ近くの株圃場（stubble field）では，1.5インチあるいは全量の約60％が吸収された，ということであった。

　流亡は，通常，著しく減らすことはできるが，それをまったく防ぐことはどんな条件下でも可能ではない。農場の緩傾斜を上・下に犂耕する代わりに緩傾斜に沿って犂耕することが，乾燥農場の通常の慣習である。これがなされるならば，緩傾斜を流れ落ちる水は一連の畦によって捕捉される，したがって，そのやり方で流亡は減る。休閑期間中，ディスク・ハロー（disk harrow）やスムースィング・ハロー（smoothing harrow…これら機具については第15章で述べられ

ている…訳者注）は上記目的のためにそしてほとんど常に乾燥地農業者に利益となる結果を伴って，丘の中腹斜面（hillsides）に沿って走り回る。必然的に，各人は流亡を防ぐ方法を考案するために自らの農場を研究しなければならない。

土壌構造

土壌中に貯水する可能性についてより詳細に検討するまえに，土壌構造について簡単に振り返ることが好ましい。以前に説明したように，本質的に土壌は分解された岩と作物の分解残渣との混合物である。土壌の主要部分を構成する岩石粒子の大きさはまったく種々である。最大のものは時に最小のものの500倍の大きさである。第5表は土壌粒子の種々の大きさとそれらの名称を示している。

第5表　土壌粒子の名称と大きさ

名称	直径ミリ	1インチ長中の粒子数	1立方インチ中の粒子数
砂	0.5〜0.03	50〜833	125,000〜578,000,000
沈泥	0.03〜0.001	833〜25,000	578,000,000〜15,625,000,000,000
粘土	0.001以下	25,000以上	15,625,000,000,000以上

訳者注：国際土壌学会法によると，粒径が2mm以上を礫，2〜0.2mmを粗砂，0.2〜0.02mmを細砂，0.02〜0.002mmをシルト（沈泥），0.002mm以下を粘土と分類している。日本砂丘学会，前掲書，p.48.

1インチ長を形成するために，最も粗い砂粒子では50必要となり，最も細かな沈泥粒子では2万5,000が必要となったことが観察される。粘土粒子はしばしば極めて小さく，正確に測定できないような性質である。わずかばかりの耕耘土壌の中にさえ土壌粒子の総数は，通常の思考の範囲をはるかに超えており，1立方インチ当たり粗砂の12万5,000粒子から最も細かな沈泥の1兆5,625億粒子までである。換言すれば，もし細かな沈泥からなる1立方インチの土壌中の粒子すべてが並べて置かれたならば，それらは1千マイルにも及ぶ連続した鎖を形成する。農業者は，土壌を耕耘するとき，人間の理解をはるかに超えるほど，数えきれないくらいの数の土壌粒子を取り扱っている。土壌にその最も価値ある性質の多くを与えるものは，膨大な数にのぼる土壌構成粒子

(constituent soil particles)である。

　どんな自然のままの土壌（natural soil）も，すべて同じ大きさの粒子から作られてはいないことが想起されなければならない（前章掲載の第5図参照）。すなわち，通常，最も粗い砂から最も細かな粘土まであらゆる大きさがある。あらゆる大きさのこれら粒子は，土壌中で規則的に順序よく配列されているわけではない。すなわち，それらは幾何学的な規則性に従って並んで置かれてはいない。むしろ，それらはありとあらゆる方向でごたまぜにされる。より大きな砂粒子はふれあい，そしてより細かな沈泥や粘土粒子が入り込むかなり大きな隙間を形成する。そのとき，再び，接着性のある粘土粒子はいわばある粒子と他の粒子とを結びつける。砂粒子に数百，あるいは数千のより小さな沈泥粒子が貼り付いた。あるいは残りのより小さな土壌粒子はそれら自身粘土の接着力によってまとまって1つの大きな粒子になる。これら合成した土壌粒子は，石灰や類似の物質の存在によって，大きくまとめられ，さらに合成されてより大きな集合体にされる。石灰の有益な効果は通常無数の土壌粒子をより大きな集合体にまとめるこの力に依る。このように適切な土壌耕耘によって個々の土壌粒子が大きな塊にグループ分けされるならば，土壌は申し分ない耕耘状態にあると言われる。例えば，湿りすぎているとき土壌を犁耕するといった，これら合成土壌粒子を破壊しがちであることはどんなことでも，土壌の作物生産力を弱める。この複雑な構造は，土壌を支配している自然法則が明確に理解できない理由の1つである。

土壌の孔隙

　土壌構造についての記述から，土壌粒子が土壌空間すべてを満たしてはいないことが分かる。むしろ，傾向としては，多くの接点で触れ合うが，かなり広い空隙を残す土壌粒子群が形成される。土壌中のこの孔隙（pore-space）はまったく種々であるが，最大で約55%である。乾燥条件下で形成された土壌で，孔隙割合はあるところで50%前後である。乾燥土壌，特に石膏土壌（gypsum soils）では，それらの粒子の大きさが極めて均一であるので，孔隙は極めて小さい。このような土壌は常に農業生産のための準備を難しくする。

土壌水分の貯えを可能にするのは土壌中の孔隙である。そして農業者にとって常に重要となることは，貯水のみならず，根の生長や発達のためにも，胚生命（germ life）のためにも，また土壌への大気の流入，さらに土壌を作物の定着にふさわしくするのに役立つといったその他の要因のためにも，孔隙が最良の結果を彼に与えるのに十分大きくなるように土壌を維持する，ということである。この土壌孔隙の維持は，後述するが，土壌が湿りすぎていないならば深耕すること，犂耕土壌を風雨にさらすこと，生育期間中土壌を頻繁に耕耘すること，そして有機物を混入することによって常に最良に行われる。犂によって到達されなかった深さにある自然のままの土壌構造は，農業者によって大きく変えられることはない。

吸湿水（Hygroscopic soil water）

通常の条件下で，ある量の水は常に土壌を含めて自然に生じるあらゆるものに見いだされる。あらゆる木，石，あるいは動物組織にはわずかな量の水がくっついている，そして，この量は温度，大気中の水分量，そしてその他既知の要因によって変化する。熱して高温にしなければ，自然物質（natural substance）からまったく水を除去することはできない。明らかにまったく自然対象に属するこの水は，通常，吸湿水（hygroscopic water）と呼ばれる。ヒルガードによると，乾燥地域の土壌には，セ氏15度の温度と水で飽和した大気という条件下で，大体5.5％の吸湿水が含まれている。しかし，事実，乾燥地域の大気は水で飽和されていることはめったになく，また，温度もセ氏15度より高い，したがって，乾燥農場地域の土壌中に実際に見いだされた吸湿水は上記平均よりかなり少ない。グレート・ベーズンで普通一般的な条件下で，吸湿水は0.75〜3.5％であり，平均量は1.5％前後である。

吸湿水が作物生長のために価値があるかどうかは，議論に値する問題である。ヒルガードは，吸湿水によって作物が雨の降らない夏を乗り切るさいにかなりの援助を受け，さらに，その存在によって作物根にとって危険となる点にまで土壌粒子が熱くされないようにする，と信じる。その他の権威は，吸湿水が実際作物に役立たないと最も熱心に主張する。土壌中に含まれた吸湿水にまで到

達するずっと前に萎れ (wilting) が生じるという事実を考慮すると，そのように保持された水が作物生長にとって実質的に利益となることは，ありそうにもないことである。

重力水 (Gravitational water)

土壌中の水の一部分はしばしば重力の直接的な影響のもとにある。例えば，通常，吸湿水で覆われている石は水に漬けられている状態にある。吸湿水は重力によって影響されないが，石が水から取り出されるにつれて，水のかなりの部分は流亡する。これが重力水である。すなわち，土壌の重力水は，土壌孔隙を満たしつつ，重力の影響下で土壌中を沈下する土壌水の部分である。土壌孔隙が完全に水で一杯にされるとき，重力水の最大量がここに発見される。通常の乾燥農場土壌で，この総水受容力 (total water capacity) は土壌乾燥重の35〜40%である。

重力水はその状態で長くは留まれない。というのは，重力水は必然的に引力 (pull of gravity) によって土壌孔隙を通って下へ動かされる，そして，もし条件が好都合であれば，最後に地下滞水面に到達し，そして，そこから大河へ，ついに大洋へと運ばれるからである。湿潤土壌では，多量の降水下で，重力水は降雨ののち地下滞水へと下に向かって移動する。乾燥農場土壌では，重力水は地下滞水に到達することはめったにない。というのは，それが下に向かって移動するとき，土壌粒子を湿らせ，そして土壌粒子の周りに薄い膜として毛細管状態 (capillary condition) で留まるからである。

乾燥地農業者にとって，十分な水受容力は，土壌の上層部分と関係するかぎり，重要である。もし，適切な犂耕や耕耘によって，土壌上部が緩く多孔であるならば，降水は，風や太陽に左右されることなく，すばやく土壌に染み込む。この一時的な貯えから，水は，引力に従い，土壌の下層にまでゆっくりと沈下し，そしてそこで作物が必要とするまで永久に貯えられる。乾燥地農業者が収穫後できるだけ早く秋に犂耕することが有利であると気づいたのは，この理由のためである。事実，キャンブル (Campbell)* は収穫機 (harvester) のすぐ後にディスクが利用され，その後で犂が利用されるべきであると提唱する。重要

第7章　土壌中での貯水　　　　　　　　　97

なことは表土を緩め，雨を受け入れることができるようにすることである。

　　＊キャンブル氏については後掲第10章補注-1 pp.146〜147を参照のこと（訳者注）。

毛細管水（capillary soil water）

　いわゆる毛細管水は乾燥地農業者にとって最も重要な水である。これは大理石が水に漬けられたときその周りに膜のようにくっつく水である。ほとんどすべてのものが湿らされるという事実によって証言されるように，水とほとんどすべての既知の物質との間に自然的な引力（attraction）がある。水は，大理石と水との間の引力が水に対する重力以上に強いので，大理石の周りに保持される。引力が強くなればなるほど，ますます膜は厚くなり，引力が弱くなればなるほど，ますます膜は薄くなる。水中に置かれた毛細ガラス管（capillary glass tube）の中で水が上昇するのは，水とガラスとの間の引力のためである。しばしば，毛細管水を引き起こす力は表面張力（tension）と呼ばれる（第14図）。

　利用できる十分な水量があるときはいつでも，薄い水膜があらゆる土壌粒子の周りに見いだされる。そして土壌粒子がふれあっている，あるいはそれらが極めて近しい状態になっているところで，水は毛細管中でのようにすこし多く保持される。土壌粒子がこのように膜によって包み込まれると同様に，土壌中で養・水分を捜し回る作物根も包み込まれる。すなわち，土壌粒子と根の全体は，条件が許せば，薄い膜の毛細管水で包み込まれる。作物が生育期間中に利用するのはこの形態の水である。吸湿水と重力水とは作物生長のためにはほとんど価値がない。

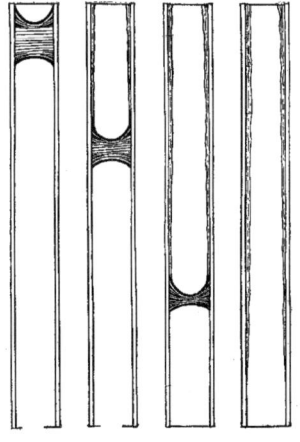

第14図　小管中を下降する水は徐々に毛細管膜として管の壁面上に広がる。

各種土壌から成る圃場の毛細管水受容力
(field capacity of soils for capillary water)

　わずかの土壌中にさえ見いだされた驚くほど多数の土壌粒子によって，土壌は多量の毛細管水を保持することができる。例解すると，1立方インチの砂質土壌で，土壌粒子によって表された総地表面積は27〜42平方インチであり，1立方インチの沈泥土壌では27〜72平方フィートである。そして，1立方インチの通常の土壌では，土壌粒子によって表された総地表面積は約25平方フィートである。この意味は，地表から10フィートの深さにいたる1平方フィートの土壌中に含まれた土壌粒子の総地表面積が大体10エーカーである，ということである。薄い水膜さえこのような広い面積上に広げられるならば，明らかに，含水総量は多いにちがいない。それ故に，以前議論された土壌粒子の細かさが，作物生長のために利用すべく土壌が保持する水の量と直接に関係していることが注意されなければならない。土壌粒子が細かくなるにつれて，総地表面積は大きくなる，したがって，水を保持する能力も大きくなる。

　もちろん，土壌粒子の周りに保持された水膜の厚さは極めて薄い。キングの計算によると，土壌粒子の周りにくっつく2億7,500万分の1インチ厚の膜は，重粘土では14.24％，壌土では7.2％，砂質壌土では5.21％そして砂質土壌では1.41％の水に等しい。

　土壌が毛細管状態で保持しうる最大水量を知ることは重要である，というのはそれに，乾燥農法条件下での作物生産の可能性がある程度依存するからである。キングが言うには，保持される最大の毛細管水量は砂質壌土では10.67〜17.65％，粘土壌土では18.16〜22.67％，そして腐植土壌（実際には，乾燥農場地域では知られていない）では21.29〜44.72％である。これらの結果は乾燥農場条件下で得られたものではなかった，それで乾燥土壌の研究によって確かめられなければならない。

　乾燥農場に降る雨が地下滞水にまで達するのに量的に十分であることはめったにない，それ故に，土壌が重力の影響によって8〜10フィートの深さ―根が侵入しそして根の活動が明らかに感じられる深さ―まで保持しうる最大量の水

分割合が測定されなければならない。この測定はやや難しい、なぜならば、土壌水に作用する数多くの相矛盾した要因が折り合うことはめったにないからである。さらに、雨水が土壌中に徹底して配分されるためには、通常、かなりの時間が必要となるに違いない。例えば、砂質土壌では、水は極めて急速に沈下する。圧倒的に細かい粒子が土壌孔隙を極めて少なくする粘土土壌では、水の沈下には相当な妨害がある、したがって、平衡状態（equilibrium）が得られるには数週間ないし数ヵ月かかる。降水の大部分が冬季にある乾燥農場地域で、早春は、春雨が来る前に、土壌の最大の水受容力を測定するための最良の時期であると信じられている。その季節に、日光や高温といった水を消失させる影響は最少である、だが、秋から冬にかけての雨が自ら土壌中に均一に広がるためには十分な時間が必要となる。夏季多雨地域では、休閑期間後の晩秋は圃場水受容力（field water-capacity）の測定のために恐らく最良の時期である（第15図）。

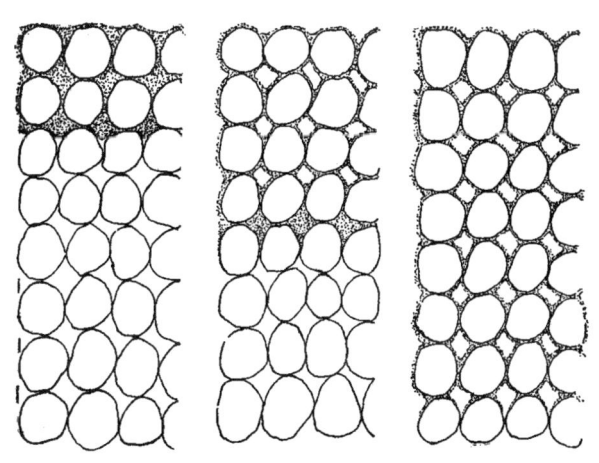

第15図　土壌中を降下する雨水は土壌粒子の周りの毛細管水膜に変わる。

この課題についてユタ州試験場で実験が行われた。数千回にも及ぶ実験の結果、発見されたことは、春に、真に乾燥地域の特性である均一な構造の砂質壌土には毎年8フィートの深さまで平均約16.5%の水が含まれていた、ということであった。実際に、この数値は圃場条件下での土壌の最大水受容力であるよ

うである，それで，砂質壌土から成る圃場の毛細管水受容力と呼ばれる。乾燥農場でのその他の実験によると，8フィートの深さまで粘土土壌である圃場の水受容力は19％，粘土壌土では18％，壌土では17％，やや砂質壌土では16％，砂質壌土では14.5％，そして極めて砂質壌土では14％である。レザー（Leather）によると，インドの石灰質の乾燥土壌では上部5フィートに湿潤期末に18％の水が含まれていた。

　それ故に，通常の乾燥農場土壌から成る圃場の水受容力は15～20％とさほど大きくはなく，平均16～17％前後であると結論づけられる。別の方法で表現すれば，この意味は，2～3インチの厚さの水の層が土壌中で12インチの深さのところに貯えられている，ということである。砂質土壌は粘土土壌ほど保水することができない。乾燥農場地域には各種の土壌があり，ある種のものは主として極めて細かな土壌粒子からなり，そして，その結果，ここで述べられた平均以上の圃場水受容力を有したことが忘れられるべきではない。乾燥地農業者のまず第1の努力は作物を播く前に土壌を十分な圃場水受容力にまで一杯にすることである。

土壌水分の下方移動

　土壌中での貯水についての議論における主な論点の1つは水が通常の乾燥農場条件下で下方移動する深さである。地下水面（water-table）が地表近くにあり，また，降水が極めて豊富である湿潤地域では，水が土壌中を通って滞水にまで沈下することに関してなんらの疑問も引き起こされなかった。しかし，乾燥地域の降水がかなりの程度にまで土壌に浸入するという原理に対しては相当な異議があった。その課題についての数多くの論者によると，乾燥農場条件下での降水はせいぜい土壌上部3～4フィートの深さに到達するにすぎないとされる。このことは間違っている，というのは農業者によって決して攪拌されることのなかった乾燥地域の深くて豊沃な土壌は，極めて深くまで湿っているからである。植物がほとんどないグレート・ベースンの砂漠で，ほとんどいたるところでなされた土壌ボーリングによると，通常の土壌掘削錐が到達する深さ，つまり，通常10フィートの深さにいたるまでかなりの量の水分が存在している

という事実が明らかとなる。同じことは実際乾燥地域のあらゆる地区に対しても言える。

このような水は下から上がってきたものではない，というのは大多数の場合，滞水は地表下50〜500フィートにあるからである。ウィットニー（Whitney）はかなり以前にこのことを観察した，そしてそのことを乾燥地農業の考察に値する一大特徴として報告した。ユタ州試験場での研究によると，グレート・ベースン内の未撹拌土壌がしばしば10フィートの深さまでその地域で通常起こる2〜3年の降水量に等しい水量を含んでいることが明らかになった。これらの水量は，乾燥地域条件下で，通常，乾燥地農業者によって信じられている以上の深さで水が沈下することができなければ，このような土壌で見いだされはしなかった。

ユタ州試験場での一連の灌漑実験によると，壌土土壌で，灌漑後数時間内に，施用水のいくらかが8フィートの深さに達した，あるいは少なくとも地表下8フィートの深さの土壌中の水分割合を増した，ということである。これらの実験に基づく第6表は多・少量灌漑後18時間における各フィートごとの水分割合の増加を示す。

第6表 多・少量灌漑後18時間における各フィートごとの水分割合の増加

(単位：%)

施用水量 インチ	サンプリング の時期	土壌中の水の割合（フィートセクション）								
		1	2	3	4	5	6	7	8	平均
平均2.5	灌漑前	9.57	10.55	11.78	12.92	11.92	11.41	11.75	11.49	11.43
	灌漑後	19.24	13.70	13.10	18.84	12.66	12.72	12.31	12.70	13.67
	増　分	9.67	3.15	1.39	0.87	0.74	0.31	0.56	1.21	2.24
7.5	灌漑前	10.62	12.44	14.44	15.11	14.20	13.40	13.13	13.27	13.33
	灌漑後	23.83	21.23	20.05	17.40	15.87	14.66	14.21	14.15	17.75
	増　分	13.21	9.39	5.61	2.29	1.67	1.26	1.08	0.88	4.42

既に水で一杯にされた土壌で，水が追加されていることが明らかに8フィートの深さまで感じられたことが見られるであろう。さらに，これらの実験で極めてわずかの雨でさえ雨後数時間でかなりの深さまで水分割合を変化させたことが観察された。例えば，0.14インチの降水は3時間以内に2フィートの深さまで感じられた。0.93インチの降水は同時間内に3フィートの深さまで感じら

れた。

　大部分の乾燥農場地域の作物が依存する冬季降水が土壌のどの深さまで浸入するかを測定するために，一連の実験が企画された。8～9月の収穫期末に，土壌は注意深く8フィートの深さまでサンプルを取られ，そして，翌春，同じ土壌の同じ深さで，同様なサンプルが取られた。あらゆる場合に，冬季降水が

第7表　冬季降水の土壌への浸入の度合い

(単位：％)

日時	各フィートの土壌中の水の割合								
	1	2	3	4	5	6	7	8	平均
1902.9.8	6.37	7.32	8.17	8.55	8.26	9.27	10.10	10.38	8.56
1903.4.24	19.29	19.08	18.83	16.99	13.61	12.62	12.24	12.37	15.63
増分	12.92	11.76	10.66	8.44	5.35	3.33	2.14	1.99	7.07
1906.8.24	8.33	7.63	8.42	9.66	11.30	10.75	9.59	7.93	9.20
1907.5.1	18.17	16.73	17.96	16.88	16.59	16.25	14.98	13.48	16.38
増分	9.84	9.10	9.54	7.22	5.29	5.50	5.39	5.53	7.18

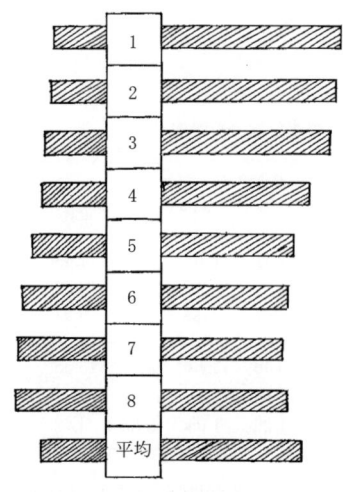

第16図　秋・冬そして初春の降水が播種時に土壌中に見いだされる程度と深さ。左側ラインは秋における土壌中の水分割合を示し，右側のラインは春の播種時における土壌中の水分割合を示す。

土壌掘削錐によって到達された深さまで水分割合を変化させたことが見いだされた。さらに，これらの変化は研究者をして水分変化がより深いところまで起こったと信じさせるほど大きかった。第7表はその結果のいくつかを示している。

　降水の大部分が夏季中にある地域で，確かに同じ法則が作用している。しかし，蒸発が夏に最も活発であるので，より少ない部分がより土壌深くまで到達することはありそうなことである。それ故に，大平原地区で，夏季中に例えばグレート・ベースン以上に大きな注意が適切な貯水を確実にするために払われなければならない。にもかかわらず，原理は同じである。ネブラスカ州の大平原条件下で仕事をしていたブル（Burr）によると，第16

図であるが，春から夏にかけての雨がボーリングの平均的な深さである6フィートの深さまで土壌に浸入し，また，疑いなく10フィートの深さまでの土壌水分に影響を及ぼす。一般に，乾燥地農業者は土地に降る雨水が，作物根がそれを利用することができないほどはるかに深くまで沈下しないけれども，太陽光の直接的な射し込みの深さをはるかに超えて土壌に浸入するという原理を確かに認める。

湿った心土の重要性

土壌水の下方への動きを考慮すると，自然の降水が急速かつ自由に下層土壌へ移動することは土壌がかなり湿っているときのみであることが注目されるべきである。土壌が乾燥しているとき，水の下方への動きは極めて緩慢であり，そしてそのとき多くの水は最も急速に水分の損失が起こる地表近くに貯えられる。砂漠が乾燥農場目的のために耕起され，それから適切に耕耘されたとき，降水が毎年の耕耘につれてますます深く土壌に浸入することは，ユタ州試験場での研究で繰り返し観察されたことである。例えば，乾燥農場で，粘土壌土であり，そして，1904年の秋に犂耕され，その後，毎年耕耘された土壌には1905年の春に8フィートの深さで6.59%，1906年の春に13.11%，そして1907年の春に14.75%の水分が含まれていた。極めて砂質の土壌をもち，1904年の秋にまた犂耕された別の農場では，1905年の春に8フィートの深さで5.63%，1906年の春に11.41%，そして1907年の春に15.49%の水分が見いだされた。これら2つの典型的なケースにおいて，表土が緩められたとき，それぞれの土壌から成る圃場の十分な水受容力がより深いところまで近づけられたことは明らかである。土壌の下層が湿らされるとき，水はいわばより容易に土壌深くにまですべり落とされたように見える。

これは乾燥地農業者が理解すべき極めて重要な原理である。乾燥農場土壌が特に上部1フィートで著しく乾燥することは常に危険なことである。乾燥農場は収穫期でさえかなり多量の水が8フィート強の深さまでの土壌に留まるように管理されるべきであった。秋に土壌中の水量が多くあればあるほど，秋の残り，冬から早春にかけて土地に降る雨水はますます容易かつ敏速に土壌に染み

込み，表土から離される。表面あるいは上部1フィートは常に最大割合の水を含んでいる，なぜならばそこは雨ないし雪として降る水の主な受け皿であるからである，しかし，心土が適当に湿っているならば，水はより完全に表土から離れる。さらに，8フィートの深さまで水でびしょびしょにされた土壌に植えられた作物は確実に成熟し，多くの収量をあげる。

もし圃場水受容力が満たされなかったならば，常に，異常に乾燥した生育期間あるいは一連の熱い風（hot winds）あるいはその他同様な環境が作物を著しく害するかあるいは完全に失敗させるかいずれかの危険がある。乾燥地農業者は，賢明なビジネスマンがビジネスに必要な運転資本を十分に維持すると同様に，毎年持ちこされるべく土壌中に水分の余剰を保持すべきであった。事実，将来ある乾燥地農業者に新しく清浄にされたあるいは耕起された土地を注意深く犂耕し，そしてそれからそこで初年いかなる作物をも育てないよう忠告することはしばしば用心深いことである，だから，作物生産が始まるとき，土壌はそこに旱魃の期間中1作物を育てるのに十分な水量を貯えていたことになる。特に，大変少雨の地域で，この行為が推奨されるべきである。夏季が農業者をして，冬季に降水のある乾燥地域ほど，土壌水分問題に注意を払わせない大平原で，さらに西部で，土壌水分の貯えが危険になるほど少なくなるのを防ぐために休閑期がしばしば土地に与えられることが重要である。

雨水がどの程度まで土壌中に貯えられるのか？

土壌に降る雨水の実質量のどのくらいの割合が土壌中に貯えられ，そしてある生育期間から次の生育期間へと持ちこされるのか？　この疑問は，水が土壌のかなり深いところにまで浸入するという結論を考慮すると，自然とわき上がる。だれがこの疑問に答えるかについての情報はほとんどない，なぜならば，土壌水分に関する大多数の研究者が自らまったく上層2，3ないし4フィートの土壌に関心をもっていたからである。このような研究結果は上記の疑問に答えるためには実際役に立たない。湿潤地域では，土壌水分についての研究を土壌上部数フィートに限定してこと足れり，ということである。しかし，乾燥農法がまさに大問題である乾燥地域では，このような方法は誤ったあるいは不完

第7章 土壌中での貯水

全な結論に導くことになる。

各種土壌から成る圃場の平均水受容力がフィート当たり約2.5インチであるので，10フィートの深さの土壌に25インチの水を貯えることができる。この量はよりよい乾燥農法地域の年降雨量の1.5～2倍である。それ故に，理論的にみて，1生育期間中ないしそれ以上の生育期間中の降雨が土壌中に貯えられなかった理由はなにもない。注意深い研究によってこの理論は作り上げられた。例えば，アトキンソン（Atkinson）は，モンタナ州試験場で，9フィートの深さまで秋に7.7％の水分を含んでいた土壌は春に11.5％を含んでおり，そしてそれを夏に適切な耕耘によって保持した後で，11％を含んでいたことを見いだした。

この実験から確かに結論づけられることは，土壌水分をある生育期間から次の生育期間へと持ちこすことができる，ということである。ユタ州試験場での精緻な研究によると，冬季降水，すなわち，最も湿潤な期間の降水は大幅に土壌中に保持される，ということである。もちろん，土壌上部8フィートの深さで計測された自然の降水量は，研究開始時の土壌の乾燥度合に依存する。もし湿潤期の初めに上部8フィートの土壌が十分に貯水されていたならば，降水は土壌掘削錘の到達範囲を超えて，土壌のより深くにまで沈下する。他方，もし土壌が生育期間初めにかなり乾燥していたならば，自然の降水はそれ自体土壌上部数フィートに分布する，したがって，土壌掘削錐によって容易に測定される。

ユタ州での研究で，冬季中に雨や雪として降る水のうち，その95.5％までが生育期間の初めに土壌上部8フィートに貯えられていることが見いだされた。もちろん，より少ない割合もまた発見された，しかし，平均して，乾燥期の初めにやや乾燥する土壌で，春に，自然の降水の4分の3以上が土壌中に貯えられていたと発見された。第8表はこれらの結果を示したものである。

第8表で示される結果すべてが降水の多くが冬にある地域で得られた一方，同様な結果は疑いなく自然の降水が主に夏にあったところでも得られた。土壌中での貯水はグレート・ベースンと同様に大平原でも重要である。事実，ブルがネブラスカ州西部に対して明確に実証したことは，春から夏にかけての雨量の50％以上が6フィートの深さまでの土壌に貯えられている，ということであ

第8表 土壌中に貯えられた雨の割合

(単位:%)

期　　間	秋季土壌中の水の割合 (8フィート深)	期間中の雨　量 (インチ)	春季降水割合 (8フィート深まで)	土壌の種　類
1902. 9.12～03.4.16	8.78	8.51	87.59	砂質壌土
1904. 8.23～05.4.22	7.87	7.94	95.56	砂質壌土
1905. 9. 8～06.4.28	8.83	12.14	82.61	砂質壌土
1906.10. 8～07.4.29	9.10	16.17	62.71	砂質壌土
1907. 9.14～08.4.23	11.03	6.38	67.55	砂質壌土
1904. 7.27～05.4.15	12.34	10.51	93.17	粘　　土
1904. 8. 8～05.4. 5	7.73	7.27	64.80	砂　　土
1905. 7.28～06.5. 7	11.04	10.65	81.13	壌　　土

る。疑いなく，いくらかはより深いところで貯えられている。

　入手できる証拠すべてによると，夏か冬かいずれにしても，適切に準備された土壌に降る自然の降水の大部分は，蒸発によって回収されるまで，土壌に貯えられる。そのように貯えられた水が生育期間中あるいは年間を通して土壌に保持されたかどうかは次章で議論する。しかし，土壌中に貯水する可能性，すなわち，太陽や風の間接的・直接的な作用にさらされないように水を土壌のかなり深いところまで沈下させることは，乾燥農法成功の根本原理である。

休　閑

　雨あるいは雪として降る水の大部分が土壌のかなり深いところまで（8フィートないしそれ以上）貯えられると確かに結論される。しかし，1作物の利用のために土壌中に年々の降水を継続して貯えることができるのかという疑問が残る。要するに，清浄休閑耕（clean fallowing）あるいは1生育期間中適当な耕耘を伴い土地を休ませる作業慣行を通して，農業者は土壌中に，1作物に利用させるために，2年分の降水のかなりの部分を貯えることができるのか？　後で明らかにするように，清浄休閑耕，あるいは，「夏季耕耘」（summer tillage）が，西部で実行されたように，乾燥農法の最も古いかつ最も確かな作業慣行の1つであることは疑いない真実である，しかし，なぜ休閑耕が好ましいのかは，一般に理解されていない。

第7章 土壌中での貯水

　乾燥農法における休閑耕の有益な効果の1つが1作物の利用のために土壌中に数生育期間分の降水を貯えることであるという原理に対して近年重大な疑問が投げかけられた。その疑問とは，冬季降水の大部分が湿潤期中に土壌中に貯えられうることが明らかにされたので，ただ単により乾燥した生育期間中にこの水の蒸発を防ぐことができるかどうか，ということである。次章で述べるが，このことは適切な耕耘によって可能となる。

　それ故に，数生育期間分の自然の降水が，すでに土壌中に貯えられていた水に追加されないことを信じる確かな理由はなにもない。キングによると，1年間の土壌休閑は，並行した作付実験土壌で見いだされた以上に，1平方フィート当り土壌上部4フィートで9.38ポンドの水を持ち越した。さらに，この水利益（water advantage）の有益な効果は引き続く1生育期間中感じられた。それ故に，キングは，休閑耕の利益の1つが土壌水分を増すことである，と結論する。ユタ州の実験によると，休閑耕は常に土壌水分を増やす。乾燥農法では，水は制限（critical）要因である，したがって，水を保持するのに役立つどんな作業慣行も採用されるべきであった。この理由のために，土壌水分を集める休閑耕は強力に提唱されるべきであった。第9章で，休閑のその他の重要な価値が議論される。

　この章での議論を考慮すると，なぜ土壌水分の研究者が休閑耕に依拠する土壌水分の著しい増加を発見しなかったかが容易に理解される。通常，このような研究はすでにかなり水分で一杯になっている土壌の浅いところを対象にして行われた。このような土壌に降る雨は，土壌掘削錐によって到達される深さ以上に沈下した，そのために休閑の水分貯蔵利益（moisture-storing advantage）を正確に判断することができなくなった。この課題についての文献の批判的分析によると，この点でたいていの実験の弱点が暴き出される。

　乾燥地農業者によって実施されるべきであった唯一の休閑が清浄休閑（clean fallow）である，ということが述べられる。貯水は，作物が土壌で生長しているとき，明らかに不可能である。健全なセイジブラッシュ，ヒマワリあるいはその他の雑草は第1級のトウモロコシ，小麦あるいはポテトと同様に多量の水を消費する。雑草は農業者によって嫌悪されるべきであった。雑草の多い休閑は作物失敗の確かな前兆である。よい休閑の維持の仕方は第8章　蒸発の抑制

中の「耕耘」の項で議論される。さらに，休閑耕は気候条件に伴って変更されるべきであった。すなわち，10～15インチという少雨地域では，土地は1年おきに清浄夏季休閑（clean summer fallow）にされるべきであった。極めて少雨下では，恐らく，3年中2年さえ清浄夏季休閑されるべきであった。15～20インチというより豊富な雨の地域では，恐らく3～4年に1回の清浄夏季休閑で十分である。降水が，大平原地域のように，生育期間中にあるところでは，貯水のための休閑耕は雨の主要部分が秋から冬にかけて降るところほど重要ではない。しかし，休閑耕をまったくその作業慣行から省略するならば，どの乾燥農法も乾燥年に失敗する恐れがある。

貯水のための深耕

本章では，土壌に降る雨水が土壌深くまで沈下し，そして，播種される作物の要求を受けるまで，毎年土壌中に貯えられることを証明しようとした。どのように耕耘すれば，農業者によって水の下方沈下が促進されるのか？ 何はともあれ，適切なときに適切な深さにまで犂耕することによってである。犂耕は深くかつ徹底して行われるべきであり，それで，降水は，太陽あるいは風の作用を受けることなく，直ちに十分に深く緩い，スポンジ状の犂耕土壌にまで引き下げられる。このように捕捉された水分は土壌のより下層へとゆっくりと移動する。深耕は常に乾燥農法の成功のために推奨されるべきである。

土壌と心土とがはっきり区別される湿潤地域で，不活性な心土を天地返しする（turn up）ことはしばしば危険である，しかし，土壌と心土とが実質的にはっきりと区別されない乾燥地域では，深耕は無難に推奨される。本当に，ときたまであるが，乾燥農場地域で，農業者が犂で土壌を深く耕しすぎることを禁止する不活性粘土あるいは豊沃でない石灰ないし石膏の層が地表近くにある土壌が発見される。しかし，このような土壌では乾燥農法が試みられる価値はめったにない。深耕は乾燥農法の最良の結果を得るために実行されなければならない。

もちろん，心土耕は乾燥農場での有効な作業慣行であるべきといえる。心土耕の高費用が結果としての増収によって相殺されるかどうかは，議論の余地あ

る問題である。事実、それはまったく疑わしい。適切なときにそしてしばしば十分に行われた深耕でこと足れりである。深耕とは、地表下6～10インチの深さまでの土壌の撹拌ないし反転（stirring or turning）である。

貯水のための秋季犂耕

　犂耕し、深耕するだけでは十分ではない。適切なときに犂耕が行われることも必要である。乾燥農場地域の大多数の場合に、犂耕は秋に行われるべきである。これには3つの理由がある。すなわち、第1に作物の収穫後、土壌は直ちに撹拌されなければならない、というのは、土壌は、冬が穏やかか厳しいかは別にして、十分な風化作用にさらされるからである。もしなんらかの理由で犂耕を早く行うことができなければ、収穫機にディスク（disk）が続き、その後、時機を見て、犂耕することはしばしば利益となる。秋季犂耕によって促進された風化作用の結果としての土壌に対する化学的効果は、第9章で述べるように、それ自体秋季犂耕の一般的な実行という教訓を正当化するほど大きい。第2に土壌の早期撹拌は晩夏から秋季に、土壌中の水分の蒸発を防止する。第3に降水の多くが秋、冬から早春にかけてある乾燥農場地域では、秋季犂耕はこの降水の多くが土壌に浸入し、そしてそこで作物が必要とするときまで貯えられるようにする。

　多くの試験場は初秋に行われた犂耕を晩秋あるいは春に行われた犂耕と比較した、その結果、例外なく、初秋犂耕がより水分保持的であり、そしてその他の点でも有益であることを発見した。ユタ州の乾燥農場では、秋季犂耕地が10フィートの深さまで隣接の春季犂耕地よりも7.47エーカー・インチ（1エーカーの広さ一面に7.47インチの水があることの意…訳者注）多くの水を含んでいた—この量は年降水の約半分の節約に相当する—ことが観察された。地面は、作物の収穫後できるだけ早く初秋に犂耕されるべきであった。そして犂耕地面は冬季中粗い状態で残されるべきであった、というのは、それが風雨によって柔らかくされ壊されるからである。さらに、粗い状態の土地は風によって吹き飛ばされた雪を捕まえ保持しがちであるので、雪解け水をより均一に配分する。

　秋季犂耕に対する一般的な異議は秋に地面は極めて乾燥しているので、うま

く耕起できない，また，乾燥した大きな土塊が土壌の物理条件を害する，ということである。このような異議が一般に正当であるとしても，特にもし収穫時に土壌中にかなりの水分が残されるように作付けされるならば，その異議は極めて疑わしい。大気的要因によって通常土塊は崩される，そしてそのことの物理的結果は有益となる。疑いなく，乾燥地域の秋季犁耕はやや難しい，しかし，農業者がこうむる困難以上によい結果が得られる。晩秋犁耕（late fall plowing）は，秋雨が土地を柔らかくしたあとでなら，春季犁耕よりも好ましい。もしどんな理由によってでも農業者が春季犁耕を行わなければならないと感じるならば，彼は春できるだけ早く犁耕すべきであった。もちろん，耕耘を著しく駄目にするほど湿潤であるとき土壌を犁耕することは賢明ではない，しかし，その危険時期が経過するやいなや，犁が地面に入れられるべきであった。土壌中の水分は犁耕によって保持され，そして，春季に降るどんな水も保持される。このことは大平原地域で，また，降水が春と冬にあるどんな地域でも，特に重要なことである。

同様に，秋季犁耕以後，土地は，春雨が土壌に容易に浸入し，また，すでに貯えられていた水の蒸発を防止するために，初春にディスク・ハローあるいは同様な機具で十分に撹拌されなければならない。雨が豊富であり，犁耕地がしばしばの雨に打ちつけられたところで，土地は再び春に犁耕されるべきであった。このような条件がないところでは，通常，春のディスクとハロー（disk and harrow）による土壌管理で十分である。

近年の乾燥農場の経験によると，もし土壌が十分に貯水されているならば，作物は，たとえ生育期間中にいかなる雨も降らないとしても，成熟することがかなり完全に証明された。もちろん，たいていの条件下で，作物生長の期間中に十分に準備された土壌に降るどんな雨も作物収量を増加するであろう，しかし，もし土壌が播種時によく貯水されているならば，生育期間中の降雨の良し悪しにかかわらず，十分に収利的な収量が確保される。これは乾燥農法の重要な原理である。

第8章　蒸発の抑制

　雨あるいは雪として降る水が作物に利用されるべく土壌中に貯えられるという前章の論証は，乾燥農法の場合に極めて重要である，というのは土壌中での貯水によって農業者は降水の分散から大幅に解放されるからである。十分に貯水された土壌とともに夏に向かう乾燥地農業者は，夏雨が降るかどうかにほとんど注意を払わない，というのは彼は作物が土壌外部の旱魃状態にもかかわらず成熟することを知っているからである。ただし，事実，後述の通り，夏雨がわずかにすぎない多くの乾燥農場地域で，旱魃は注意深い耕耘（farming）によって土壌中深くに十分量の水を貯えた農業者にとってさえ確実な損失となる。したがって，土壌中での貯水は，秋，冬あるいは前年の雨を作物生長のために有効に利用する際の第一歩にすぎない。生長を促す暖かい天候になるやいなや，水を消散させる要因が作用し始め，その結果，水は蒸発（evaporation）によって失われる。それ故に，農業者は作物生産のために利用されるべく作物が根から水を吸い上げる時期まで，水分を土壌に保持するためのあらゆる予防策を利用しなければならない。すなわち，土壌からの水の直接的な蒸発は最大限防止されなければならない。

　ほとんどの農業者は実際乾燥農場地域で起こりうる膨大な年間蒸発量を明確に理解していない。年間蒸発量は常に年間総雨量よりも多い。事実，乾燥地域は，自然条件下で雨や雪として降るよりも数倍多い水が年々自由水表面（free water surface）から蒸発する地域と規定されている。そのために，乾燥についての多くの研究者は温度，相対湿潤性，あるいは風にほとんど注意を払わず，単純に問題地域における自由水表面からの蒸発量だけを測定する。乾燥の尺度を得るために，マクドーガル（MacDougal）は乾燥農場地域中のよく知られたいくつかの地域で年降水量と年蒸発量とを表す第9表を作製した。

　本当に，第9表に示された地域は極端であるが，蒸発量は年降水の約6〜35倍となっている（第17図）。

第9表　各地域における年降水量と年蒸発量

場　所	年降水量 （インチ）	年蒸発量 （インチ）	比率※
El Paso, テキサス州	9.23	80	8.7
Fort Wingate, ニューメキシコ州	14.00	80	5.7
Fort Yuma, アリゾナ州	2.84	100	35.2
Phoenix, アリゾナ州	7.06	90	12.7
Tucson, アリゾナ州	11.74	90	7.7
Mohave, カリフォルニア州	4.97	95	19.1
Hawthorne, ネバダ州	4.50	80	17.5
Winnemucca, ネバダ州	8.51	80	9.6
St. George, ユタ州	6.46	90	13.9
Fort Duchesne, ユタ州	6.49	75	11.6
Pineville, オレゴン州	9.01	70	7.8
Lost River, アイダホ州	8.47	70	8.3
Laramie, ワイオミング州	9.81	70	7.1
Torres, メキシコ	16.97	100	6.0

※比率とは年蒸発量が年降水量の何倍であるかを示す（訳者注）。

　同時に，このような割合の蒸発が自由水表面から生じる一方，同様な条件のもとにある農地からの蒸発量が極めて少ないことが記憶されなければならない。

　土壌からの蒸発防止のために利用された方法を理解するために，大気中への水の蒸発を決定する条件や，水が土壌中を移動する方法を簡単に振り返らなければならない。

水蒸気（water vapor）の形成

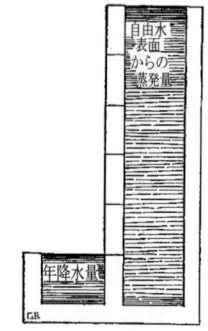

第17図　乾燥地域における年降水量と蒸発量。高い蒸発率は徹底した耕耘を必要とする。

　水が自由に大気にさらされるままに置かれるときはいつでも，水は蒸発する。すなわち，水はガス状（gaseous state）になり，そして大気というガスと混じり合う。雪や氷さえ，極めて少量ではあるが，水蒸気となる。一定量の大気に入りうる水蒸気の量は，明らかに限定されている。例えば，凍結温度（temperature of freezing water）で，1立

方フィートの大気に2.126グレイン（grain＝0.0648 g）の水蒸気が入りうるが，それ以上ではない。大気が可能なかぎりの水を含むとき，飽和しているといわれ，そのとき蒸発は止む。このことの実際上の効力は，大気がしばしば水蒸気で十分に飽和されている海岸で，衣服の乾きが極めて遅いのに対して，大気が飽和されていない大洋から離れた，乾燥農場地域のような内陸では，乾きは極めて早い，というよく知られた経験である。

　大気を飽和状態にするのに必要な水量は，第10表から見られる通り，温度によって大きく異なる。

第10表 温度別に見た1立方フィートの空気に保持された水蒸気量

カ氏温度 （度）	1立方フィートの空気に保持 された水蒸気量（グレイン）	差
0	0.545	
32	2.126	
40	2.862	0.736
50	4.089	1.227
60	5.756	1.667
70	7.992	2.236
80	10.949	2.957
90	14.810	3.861
100	19.790	4.980

　温度の上昇につれて，大気中に保持される水量も増加する，しかも温度の上昇率以上に増加していることが，注意されなければならない。このことは，熱い火の前に衣類をつるし，それらを乾かすといった，一般に，通常の経験の中でよく理解されることである。生育期間中，乾燥農場地域でしばしば到達されるカ氏100度で，一定量の大気は凍結温度の場合と比べて9倍以上の水蒸気を保持する。このことは乾燥農法にとって極めて重要な原則である，というのはそのことによって，温度が低くそして水分が通常豊富である秋から冬にかけての貯水がかなり容易であり，逆に，大平原地域でのように，水分消散要因が極めて活発である夏に，多く降る雨を貯えることがより困難であることが説明されるからである。この法則は土壌表面からの水の蒸発防止のためにあらゆる防止策がとられなければならないのは暖かい気候の時期であるということの真実

をも強調する。

　大気が全体として水蒸気で飽和されることは決してないということは，もちろんよく理解されている。このような飽和はせいぜい地域的なものにすぎず，例えば，水上にある大気層が十分に飽和されている静かな日々の海岸，あるいは，穏やかな暖かい日に，土壌の上のまた作物の周りの大気層を直ちに飽和するために蒸発する多くの水を含んでいる圃場においてのみである。このような場合に，空気が動きはじめ風が吹くときはいつでも，飽和状態にある大気は膨大な未飽和状態の大気と混ぜられ，その結果，蒸発量がまた増やされる。他方，作物が生長している圃場上で動かずにいる飽和状態の大気層へはほとんど水が蒸発しないこと，また，主に水を消散する風の力がこの飽和状態の大気を除去することにあることが，記憶されなければならない。それ故に，どんな風，あるいは大気の動きも制限雨量に依存する農業者の敵となる。

　ある温度の一定量の大気中に実際に発見された水の量は，保持することができる最大量と比較して，大気の相対湿潤性と呼ばれる。第4章で明らかにしたように，相対湿潤性は雨が少なくなるのに伴いますます小さくなる。相対湿潤性が一定の温度で小さくなればなるほど，水はますます急速に大気中へ蒸発する。ニューヨークでは90度で日射病などの病気が多数報告されている一方，ソルト・レイク・シティの人々はまったく快適であるという事実以上に，この法則の明確な確認はない。ニューヨークでは，夏の相対湿潤性は約73％であるが，ソルト・レイク・シティでは，約35％である。夏季高温で，肌からの蒸発はニューヨークではゆっくりと，そしてソルト・レイク・シティでは急速に進行する，その結果，不快あるいは快適となる。同様に，土壌からの蒸発は相対湿潤性が小さければ急速で，大きければ緩慢となる。

　それ故に，水表面からの蒸発は，①温度の上昇，②大気の動きあるいは風の強まり，そして，③相対湿潤性の減少によって促進される。通常，湿潤地域と比べて乾燥地域では，温度はより高く，相対湿潤性はより小さく，そして風はより強い。その結果として，乾燥地農業者は土壌からの蒸発防止のためにありとあらゆる防止策を利用しなければならない。

土壌からの蒸発条件

　蒸発はひとり自由水表面からだけ起こるものではない。湿ったあるいは湿潤な物質すべては，温度や相対湿潤性の条件が好都合であれば，保持する水の多くを蒸発によって失う。かくして，湿った土壌から，水が蒸発によってたえず除去されつつある。だが，通常の条件下で，水すべてを除去することはできない，というのは少量の水が土壌粒子によって強く引きつけられているからである，そのために，この水は沸騰点以上の温度によってだけ除去される。土壌粒子にくっついている水分とは前章で述べた吸湿水のことである。

　さらに土壌表面が実際に水表面になるほど土壌孔隙が完全に水で満たされていないならば，蒸発が水表面からと同様に急速に湿った土壌から起こらないことを，心に留めておかなければならない。湿った土壌からの蒸発が減少した理由は，まったく自明のことである。土壌と水との間にかなり強力な引力があり，そしてこの引力が重力に対抗して，水分を土壌粒子の周りに薄い毛細管の膜としてくっつけるからである。通常，毛細管水のみが十分に耕耘された土壌中に見いだされる，そして蒸発を引き起こす要因は水を蒸発させることに加えてこの引力を克服するほど十分に強くなければならない。

　土壌中の水が少なければ少ないほど，ますます水膜は薄くなり，そして水はますます強固に保持される。かくして，蒸発率は土壌水分の減少に伴い減少する。この法則は実際の圃場試験によって確認される。例えば，ユタ州試験場での274試験の平均として，それぞれ22.63％，17.14％，そして12.75％の水を含んでいた3つの土壌が，2週間で8フィートの深さまで，平方フィート当たりそれぞれ21.0ポンド，17.1ポンド，10.0ポンドの水を失ったことが見いだされた。他のところで行われた同様な実験によってもこの原理の正しさが証明された。この観点から乾燥地農業者は土壌が必要以上に湿潤であることを好まない。乾燥地農業者は，水が自らかなりの深さまで配水するように土壌を管理することによって水の総量を減らすことなく土壌中の水の割合を減らすことができる。このことによっても秋季犂耕，深耕，心土耕そして乾燥農法のための深い土壌の選択の重要性が浮き彫りにされる。

まったく同じ理由によって，蒸発は塩あるいはその他の物質が溶解されていた水ではより緩慢に進行する。水と溶解塩（dissolved salt）との間の引力は蒸発を引き起こす要因にすこし抵抗するほどそれほど強いからである。土壌水の溶液中には常にいくらかの土壌構成成分（soil ingredients）が含まれている，その結果，一定の条件下で，土壌水では，純粋な水以上にゆっくりと蒸発が起こる。いま，土壌が豊沃であればあるほど，すなわち，可溶性の作物栄養を多く含めば含むほど，ますますその物質は土壌水に溶解され，その結果，蒸発はますます緩慢になる。可溶性作物栄養の貯えを増加する休閑耕，耕耘，徹底した犁耕や施肥，これらすべては蒸発を減らす。これらの条件は豊富な降雨のもとにいる農業者の目にはほとんど価値がないけれども，乾燥地農業者にとって極めて重要である。乾燥農法が完全に確実に実行されるのは，水や豊沃性を保持するためにあらゆる可能性を追求することによってのみである。

主に地表での蒸発による損失

　蒸発はあらゆる湿った物質で起こる。それ故に，水は地表の湿った土壌粒子と同様に地表面下の土壌粒子からも蒸発する。蒸発を最少量に減らす管理の開発に際し，地面のはるか下の土壌粒子から蒸発する水が大量に大気中へ持ち込まれ，そのために作物が利用できなくなるかどうかを学ばなければならない。40年以上前，ネスラー（Nessler）はこの疑問を実験課題とした，そして蒸発による損失がまったく土壌表面で起こり，そしてもしあったとしてもほんのわずかが直接に土壌のより下層からの蒸発によって失われるにすぎないことを発見した。その他の実験者によってこの結論は確認された，そして極めて近年，バッキングガム（Buckingham）は，同課題を検討し，土壌ガス（soil gases）が大気中へ極めてゆっくり上向する一方，地表下1フィートにある土壌からの直接的蒸発によって失われた総水量が6年間にせいぜい1インチの雨量に等しいことを発見した。この量は半乾燥や乾燥条件下でさえたいしたことではない。しかし，土壌のより下層からの直接的蒸発による水の損失割合は土壌の多孔性の増加とともに，すなわち，土壌粒子あるいは水で満たされない空間の増大とともに高くなる。それ故に，細かい粒子の土壌はこのために最少量の水を失うにす

ぎない。もし粗い粒子が水分保持のための秋季深耕や適切な夏季休閑耕によって水でよく満たされているならば，土壌のより下層からの直接的蒸発による水分の損失は，より細かい粒子の土壌からの損失より多くはない。

かくして，再び強調される以前に定立されていた原理は，たとえその原理が十分量の水分が蓄積されるまで，耕起後1～2生育期間土地が休閑されなければならないことを意味するとしても，乾燥農法の成功のためには，土壌が常に水分で十分に満たされていなければならない，というものである。さらに，乾燥農場地域の水分が，土地表面に対する太陽光線の直接的な作用を避けるために，土壌中深くに貯えられるべきであったという相互に関連しあっている原理が強調される。かくして，深い土壌がまたしても必要となる。

土壌上部12インチでの貯水に起因する土壌水分の大損失はユタ州試験場での実験によって十分に明らかにされる。以下述べることはその課題についての数多くのデータから選択されたものである。性質上ほとんど同一である2つの土壌は8フィートの深さまで平均してそれぞれ17.57％，16.55％の水を含んでいた。すなわち，2つの土壌に保持された総水量は実際には同一であった。しかし，耕耘の違いのために，土壌中での水分布は同様ではなかった。土壌上部12インチで一方は23.22％，他方は16.64％の水を含んでいた。最初の7日間に，上部1フィートに最高割合の水を含んでいた土壌は1平方フィート当たり13.30ポンドの水を失った，他方，他はわずか8.48ポンドの水を失ったにすぎない。疑いなく，この大きな差は直接的な蒸発が，太陽熱が十分に作用する土壌上部12インチの土壌でのみ大規模に起こるという事実に依拠した。

雨をすばやくかなりの深さにまで染み込ませるどんな管理も乾燥地農業者によって採用されなければならなかった。このことは恐らく乾燥農場で費用はかかるが通常効率的な心土耕を提唱する重大な理由の1つである。暑い天候中に大きな，深い割れ目が生じることは乾燥地域では極めて一般に経験されることである。これら割れ目の壁から，表土からと同様に蒸発が進む，そして通過する風によって蒸発が急速に進行するほどそれほど空気が更新される。乾燥地農業者は形成された割れ目を壊し埋めるある機具で必要に応じてしばしば土地を管理した。作物が生育している圃場で，このことをしばしば行うことは難しい。しかし，手耨耕（hand hoeing）は，費用はかかるが，土壌水分を十分に節約

し，結果，作物収量を増やす。

どのようにして土壌水が地表に到達するのか？

　湿った土壌からの水の直接的な蒸発がほとんど地表で起こることは，確証された真実として受け入れられる。だが，土壌表面からの蒸発が，8～10フィート強の深さまでの土壌水分がすっかり空になるまで，継続することもよく知られている。このことは早春および盛夏（midsummer）の乾燥農場土壌に対する第11表の分析から明らかとなる。ただし，この場合，土壌中の水分を保持するいかなる試みも行われなかった。

第11表　乾燥農場土壌における早春・盛夏時の各フィート別保水割合
(単位：％)

保水割合	上部1f	2f	3f	4f	5f	6f	7f	8f	平均
早春	20.84	20.06	19.62	18.28	18.70	14.29	14.48	13.83	17.51
盛夏	8.83	8.87	11.03	9.59	11.27	11.03	8.95	9.47	9.88

　この場合に，水は疑いなく8フィートの深さから直接的な蒸発が起こっていた地表近くへと，毛細管を通って移動をしていた。前章で説明したように，土壌粒子の周りに膜として保持される水は毛細管水と呼ばれる，そして乾燥農場土壌に貯水されるのは毛細管形態によってである。さらにいえば，作物生産で実際価値があるのは毛細管水だけである。この毛細管水は普通一般的な条件や要因に応じてそれ自体土壌中に均一に広まる傾向にある。もしいかなる水も土壌から除去されなければ，時間の経過につれて，土壌塊のどの点での膜の厚さもその特定点で作用する諸力の直接的な結果となるように，土壌水分は広まる。土壌水分がまったく動かないこともある。このような条件は播種が始まるまえの晩冬あるいは早春にある。このような条件下での水の広がりは前章第7表に見られる。しかし，年の大部分の間，このような無活動の状態は起こらない，というのは，通常，数多くの活発な撹乱要因があるからである，そして，その内，最も効力のある3つの撹乱要因は，①雨による土壌への水の追加，②春，夏および秋のより活発な気候要因による表土からの水の蒸発，そして，③作物根による土壌からの水の吸収である。

水は，土壌に浸入し，重力によって重力水として下方へ沈下するが，その際，土壌の引力によって毛細管水に転化され，膜として土壌粒子にくっつく。もし土壌が乾燥し，それ故に，膜が薄かったならば，雨水は重力水としてほんのわずかだけ下方へ沈下しただけである。もし土壌が湿り，それ故に，膜が厚かったならば，水は消耗されることなくはるか下にまで沈下した。湿潤地域でしばしばあったように，もし土壌が水で飽和されているならば，すなわち，粒子が保持できないほど膜が厚くなれば，水はまさしく土壌中を沈下し，そして地下滞水と結びついたであろう。もちろん，このことは乾燥農場地域ではめったに起こらない。どんな土壌でも，すでに飽和された土壌を除いて，水の追加によって，土壌水膜が厚くされ，やがては水分を沈下させる。これは直ちに以前に存在していた平衡状態（equilibrium）を破壊する，というのは水分はいま均一に土壌中に広まってはいないからである。その結果，再配分の過程が始まり，そして，その過程は平衡が十分に回復されるまで持続する。この過程で，水はあらゆる方向へ土壌の湿った部分からより乾いた部分へと移動する。このことは必ずしも水が実際湿った部分からより乾いた部分へと移動することを意味するとはかぎらない。通常，最も乾燥した部分で，ほんのわずかの水が順次隣接したところから吸収され，この過程は再配分が完成するまで続く。この過程はまだ詰め方が緩い袋に羊毛を詰めることに非常によく似ている。新しい羊毛は袋の底に到達しないけれども，その袋の中には以前以上に多くの羊毛が詰められているからである。

　もし作物根が土壌表面下のある範囲の場所で活発に養・水分を吸収しているならば，逆の過程が起こる。養・水分の吸収地点で根はたえず水を土壌粒子から吸収する，したがって，その場所の膜をより薄くする。このことによって，土壌のより湿った部分から，作物根の作用によって乾燥させられている部分への上記とよく似た水分の動きが引き起こされる。数フィートあるいは数ロッド離れた土壌さえこのような活発な根に水分を供給する手助けをする。作物によって送り出された数千の小さな根が回収されるならば，土壌水分に対する引力と反発力（pulls and counter-pulls）の混乱（confusion）がどんな耕耘土壌にも存在することが，よく理解される。事実，土壌水膜はそれら自体たえず変化する周りの競争勢力（contending forces）とすぐに平衡する振動状態にある，とみ

られる。土壌粒子の周りにぴったりと保持されていた水膜が極度な可動性を持つものではなかったならば，かなり離れたところの作物の水需要を満たすことはできなかった。たとえそうであるとしても，しばしば起こることは，作物が乾燥農場で密植されすぎるならば，作物生長の維持のために吸収している根に向かって土壌水分が十分早く動くことができない，ということであり，その結果，作物の失敗となる。ついでながら，このことによって，播種量（planting）が土壌に含まれた水分に比例すべきであることが指摘される（第11章を参照のこと）。

相対湿潤性の減少や直射日光の増加とともに，春に温度が上昇するにつれて，土壌表面からの蒸発は著しく増加する。しかし，表土がより乾燥するとき，すなわち，水膜がより薄くなるとき，再調整が試みられる，つまり，蒸発によって失われた水の代わりをするために水が上昇する。これが生育期間を通して継続して行われるので，地表下8～10フィート強の深さに貯えられていた水分は徐々に地表頂部へともたらされ，そして蒸発し，その結果，作物が利用できなくなる。

土壌の急速な表面乾燥の効果

土壌に保持された水が減少するにつれて，また，土壌粒子の周りの水膜がより薄くなるにつれて，土壌水の毛細管運動（capillary movement）は遅くなる。このことは，土壌粒子が水に対して引力を持っており，そしてその引力は確かな価値を持ち，そして重力に対抗して保持される最も厚い膜によって測定されることを思い出すことによって，容易に理解される。膜が薄くされても，水に対する土壌の引力は減らない。その結果は，単純に水に対するより強い引力そして土壌粒子の表面に対抗した膜のより強い保持ということである。このような条件下で土壌水を動かすことは，飽和あるいは飽和に近い土壌中で水を動かすために必要となる以上に多くのエネルギーを消費する。それ故に，同様な条件下で，土壌水膜が薄くなればなるほど，土壌水の上向運動はますます困難となり，表土（topsoil）からの蒸発も緩慢となる。

乾燥の進行につれて，ある点で水の毛細管運動がまったく中断する。これは

恐らく吸湿水以上に多くの水分が残らないときである。事実，著しく乾燥した土壌と水は互いに反発しあう。このことは夏に，軽い降雨の直後，道路をドライブする通常の経験の中に見られることである。ゴミの塊の外側だけが湿っている，そして車輪がその上を通過するとき，中から乾いたゴミが現れる。極めて乾いた土壌が水の毛細管運動を極めて効率的に中断したということは重要な事実である。

　上で証明された原理によると，もし表土が毛細管現象が極めて緩慢となる点まで乾燥したとするならば，蒸発は減る，あるいはまったく停止する。4分の1世紀以上前のエーザー（Eser）の実験から明らかになったことは，土壌水は表土の急激な乾燥によって節約される，ということである。乾燥農場条件下で，しばしば起こることは，土壌水の汲み出しが極めて多い，そのために，さらなる蒸発に対する効果的な保護として残されている上部数インチの土壌から，ほとんどすべての水がすばやくかつ完全に吸収されてしまう，ということである。例えば，暑い乾燥した風が通常のことである地域で，土壌上部は，より下層にある水が緩慢な毛細管運動によって土壌頂部に達する前に，時として完全に乾燥してしまうことがある。そのとき，乾燥した土壌層はこれ以上の水の損失を防止する，したがって，強風は土壌水分の保持に役立った。同様に，相対湿潤性が低く，日光が豊富で，そして，温度が高い地域で，蒸発は極めて急速に進行するので，土壌のより下層は必要な需要に対して水を供給することができない，そのために，表土は完全に乾燥し，そのことによって，さらなる蒸発を防止する保護被覆が形づくられる。犂にふれられず，表土が太陽に熱せられた合衆国の土着の砂漠土壌のより深いところに多量の水が発見されることは，この原理に基づく。ウィットニーは長年前にこのことを観察し，かなり驚いた，また，その他の観察者も乾燥地域のほとんどすべての地点で同様な条件を見いだした。このことは多種類の土壌を人工的に乾燥・湿潤両条件下に置いたバッキンガムによってさらに研究課題にされた。最初の蒸発が乾燥条件下でより多くなったことが，あらゆる場合に見いだされた，しかし，乾燥過程が進行し，乾燥土壌の表土が乾燥するにつれ，より多くの水が湿潤条件下で失われた。すべての実験期間中に，より多くの水が湿潤条件下で失われた。注目すべきことは，乾燥した保護層がアルカリ土壌でより緩慢に形成されたことであり，そし

てそのことは乾燥農場がアルカリ地を利用することの不利益性を示した，ということである。しかし，全体として，「極めて乾燥した条件下で土壌は地表で自然マルチ（natural mulch）を形成することによって自動的に乾燥から自らを保護する」ようである。

もちろん，種々の乾燥農場土壌はこのようなマルチを形成する力の点で大きく異なっている。重粘土あるいは軽砂質土壌には，壌土土壌ほどこのような自動的な保護力がないようである。石灰岩を混入することはこのような自然保護マルチの形成には好都合であるようである。通常，農業者は土壌の徹底した撹拌によって乾燥表土層の形成を促進することができる。このことによって，日光や大気は水が極めてすばやく蒸発する助けとなる。このような耕耘は，まもなく議論されるようなその他の理由のためにも極めて好ましい。他方，乾燥農場の水分消散要因はまったく反対すべきものではない，というのは土地が耕耘されるかどうかは別にして，それら要因によって，過剰な蒸発を防止する乾燥した表土層の形成が急がされるからである。蒸発が土壌水分の最大の損失となるのは，乾燥過程が緩慢である湿った曇りがちの天候においてである。

かげり（shading）の効果

温度についで，直射日光は，湿潤な土壌表面から急速に水分を蒸発させる最も活発な要因である。それ故に，蒸発によって乾燥した保護表土層が十分急速に形成されないときはいつでも，かげりは，土壌水の表面損失を減らすために極めて役に立つ。しかし，極めて乾燥した条件下で，すべての場合に，実際にかげりが有効であるかどうかは疑問である，ただし，半乾燥あるいは半湿潤条件下では，かげりによる利益は極めて大きい。1878年に，エバマイヤーによると，森林被覆というかげりが蒸発を62%減らした，以来，多くの実験によってこの結論は確認されている。ユタ州試験場で，乾燥条件下で，さもなくば水を消散する諸要因の影響を受けることになるが，かげりのある1ポットがかげりのないポットと比べて蒸発による損失を29%節減したことが明らかとなった。この原理は実際あまり適用することができない，しかし，この原理は，土壌に保持された水量に比例して，やや密植できることを指摘した。それは，また山

岳諸州でのように，収穫が早く，そして秋季犂耕が遅い乾燥農場地域で数週間立っている穂刈り後の背丈の高い藁から得られる利益をも指摘する。穂刈り後の背丈の高い刈り株は地面を徹底して覆う。かくして，穀実が穂刈（header）法によって収穫される乾燥農場地域で，刈り株によって土壌水分が保持される。

かげりの特別のケースは，藁あるいは納屋の敷藁，あるいは森の中でのように葉で土地をマルチすることである。このようなマルチングは，かげり作用という理由で，大きく蒸発を減らす，というのはこのようなマルチングも土壌のより下層との連携を壊す緩い表土層として作用するからである。

土壌が注意深く撹拌されるときはいつでも，述べられるように，蒸発の阻止手段としてのかげりの価値はまったく消失する。かげりが有効に作用するのは表層がかなり湿潤である土壌の場合だけである。

耕耘の効果

毛細管水（capillary soil moisture）は，地表に到達するまで，土壌粒子から土壌粒子へと移動する。土壌粒子が詰めて鎮圧されればされるほど，接触点の数がますます多くなり，したがって，土壌水分の移動はますます容易になる。もしどんな手段によっても土壌層が接触点の数を減らすほど緩くされているならば，土壌水分の移動はそれ相当に妨害される。その過程はやや大きな鉄道駅での経験に似ている。列車が来る少し前に，人々の大群が切符をみせる用意をして門外に集められる。もし1つの門だけが開かれるとするならば，1分ごとにある人数の乗客が通過することができる。もし2つの門が開かれれば，同時にほとんど2倍の乗客が通過することができる。もしより多くの門が開かれるならば，乗客はより早く列車に乗り込むことができる。土壌のより下層にある水はお呼びがかかればいつでも上方に移動する用意をしている。表面に到達するために，その水は土壌粒子から土壌粒子へと移動しなければならない，そして，ふれる粒子の数が多くなればなるほど，ますます早くかつ容易に水は地表に到達する，というのは土壌粒子の接触点は鉄道駅の門と類似しているからである。いまや，もし，表土の徹底した撹拌や緩めによって，表土と心土との接触点の数が著しく減らされるならば，水の上方への流れは大きく阻止される。

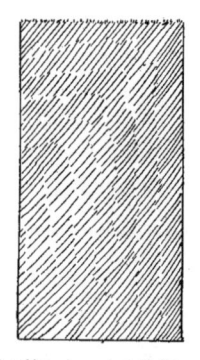

第18図 耕耘は地表面に緩く乾いたマルチを作り，そのマルチが蒸発を防止する。

このような，表土からの蒸発を減らすために表土を緩めることは耕耘（cultivation）と呼ばれるようになり，そしてそれには犂耕，ハローイング，ディスキング，耨耕および表土の攪拌などの耕耘作業が含まれる。表土と心土との接触点の破壊は疑いなく耕耘の効率化の主な根拠となる，しかし，このような攪拌が表土を徹底して乾燥させるのに役立つことも想起されるべきである，そして，説明したように，乾燥した土壌層はそれ自体表面蒸発に対する極めて効果的な防止物であることも想起されるべきである（第18図）。

表土の攪拌あるいは耕耘によって実際に土壌からの水の蒸発が減ることは，多くの研究によって明らかにされている。1868年に，ネスラー（Nessler）は通常のドイツ夏季の6週間内に，攪拌土壌では1平方フィート当たり510グラムの水が失われたにすぎないのに対して，隣接のしまった土壌では1,680グラムの水が失われた—耕耘による約60％の節約—ことを発見した。ワグナー（Wagner）は，ネスラーの研究の正当性を検証して，1874年に耕耘によって60％強蒸発が減ったことを発見した。1878年に，ジョンソン（Johnson）はアメリカ土壌でその原理の正しさを確認した，そしてレビ・ストックブリッジ（Levi Stockbridge）は同じ頃実験を行い，またもアメリカ土壌で，耕耘によって粘土土壌では約23％，砂質壌土では55％，そして重粘壌土では約13％蒸発が減ったことを発見した。この課題についてなされた初期の研究すべては湿潤条件下で行われた，そしてこの重要な原理が乾燥農場地域の土壌で確認されたのは近年になってからのことである。フォーティーア（Fortier）はカリフォルニア州条件下で実験を行い，耕耘によって土壌表面からの蒸発が55％以上減少したと結論づけた。ユタ州試験場での同様な実験によると，耕耘による土壌水分の節約は粘土土壌では63％，粗砂では34％，そして粘土壌土では13％であった。さらに，実際の経験によると，乾燥地農業者は，耕耘によって農地からの蒸発

を防ぐ強力な手段をやがて持つにいたる。

　藁あるいはその他の敷藁を地面にばらまくという行為は耕耘と密接に関係している。このような人工マルチ（artificial mulches）は蒸発を減らすために極めて効果がある。エバマイヤーは藁を地面に広げることによって蒸発が22％減ったことを発見した。ワグナーは同様な条件下で38％の節約を発見した，そしてこれらの結果をその他多くの研究者が確認した。大面積の近代乾燥農場で，土壌の人工マルチングは極めて広く行われる行為とはなりえない，だが，原理を心に留めておくことは良いことである。穂刈りで乾燥農場産穀実を収穫し，そして秋に背丈の高い刈り株のまま犂き込むという行為は特別な注目に値する水分保持のための耕耘の部類に入る。かくして，土壌に犂き込まれた藁は，一般に反対されているにもかかわらず，簡単に分解し，そして，土壌をより多孔にする，それ故に，より効率的に蒸発防止に役立つ。この行為がかなり長期にわたって続けられるならば，表土は土壌の豊沃性を高めることのほかに，蒸発防止に役立つ有機物に富むようになる。藁が有効に飼料として食べさせられないとき，西部乾燥農場の多くでしばしば藁が燃やされるが，それよりも地面にまき散らすほうがより有効であった。地面を覆うあるいは表土を緩めるなどといったことも，ある程度作物が利用するために土壌のより下層に貯えられていた水の蒸発を防止する。

耕　　深 (depth of cultivation)

　生育期間開始時の乾燥地農業者にとって最も重要な作業は耕耘（cultivation）である。土壌は深い乾燥した緩い土壌でたえず覆われなければならない，なぜならば，その緩さや乾燥によって蒸発が抑制されるからである。耕耘と関連した主な疑問は，土壌が最良の結果を生み出すよう撹拌されなければならなかった深さである。その課題についての初期の研究者の多くが見いだしたことは，深さがわずか半インチでしかない土壌マルチが，非耕耘土壌で蒸発によって失なわれた水分の大部分を保持するために効果的であった，ということである。各種の土壌表面からの蒸発率は著しく異なる。ある土壌は乾燥したとき自然マルチを形成し，それによってそれ以上の水の損失を防止する。他の土壌は薄く

硬い外皮（crust）を作り，その下に活発に蒸発する湿った土壌表面がある。乾燥しやすくそして土壌頂部でくだけ自然マルチとなる土壌は深耕されるべきであった，というのは浅耕は自然的に形成されたマルチの層以上に及ばないからである。事実，表面が素早く乾燥しそして蒸発を防止する優れた保護を形成するある石灰質土壌では，浅耕はしばしば完全な自然マルチの破壊によってより一層の蒸発を引き起こすことがある。自然マルチを石灰質土壌ほど十分に形成することができない粘土あるいは砂質土壌は浅耕により敏感に反応する。しかし，一般に，耕耘は，深ければ深いほど，ますます蒸発を減らす効果がある。フォーティーアは，すでに言及したカリフォルニア州での実験で，深耕のより大きな価値を明らかにした。灌漑後15日間に，非マルチ土壌では，蒸発によって，追加された総水量の約4分の1が失われた。それに対して，4インチ深マルチは蒸発の約72％を節約した。8インチ深マルチは約88％を節約した，そして10インチ深マルチは蒸発をまったくくい止めた。エーカー当たりわずか数セントにすぎない追加労働費を節約するために最良の結果を得ることができないというのは，土壌水分の保持のために耕耘する乾燥地農業者にとって最も重大な誤りである。

いつ耕耘すべきか？

蒸発率が乾燥表面からよりも湿潤表面からより大きいことがすでに明らかとなった。それ故に，蒸発を妨がなければならない時期は土壌が最も湿ったときであるといえる。土壌が相当に乾燥したあと，土壌水分の大部分は失われてしまった，しかし，その消失はより早期の耕耘によって節約されたかもしれない。この陳述の正しさはユタ州試験場で行われた実験によって十分に確かめられる。3週間水で十分に一杯にされた土壌で，総損失の約半分が第1週に起こり，他方，わずか5分の1が第3週に起こったにすぎない。第1週中に失われた量のうち，60％以上が最初の3日間に失われた。それ故に，耕耘は，蒸発に都合のよい条件が整えられるやいなや，実行されるべきであった。このことの意味は，第1に，早春に耕耘したとしても泥こね状態にならないほど十分に乾燥するやいなや，土壌は深くかつ徹底して撹拌されるべきであった，ということである。

できるだけ早く行われた春季犂耕は，蒸発防止のためのマルチを形成するための優れた作業慣行である。秋季犂耕された土地でさえ，春季犂耕は，秋季犂耕地でディスク・ハローが通常初春に利用されるが，極めて有効である，そして，もし地面深くまで切り込むようむしろ鋭角にはめ込まれ，そして適当に重しを付けられているならば，そのハロー作業は春季犂耕と同様に効果がある。乾燥地農業者にとって主要な危険は，ついに春季耕耘を始める際に，初春日（early spring days）がずれ込み，貯えられていた土壌水分の大部分を蒸発させてしまう，ということである。秋季深犂耕（deep fall plowing）は，水分をすばやく土壌のより下層へ沈下させることによって，春より早期にその水を地面に近づけることを可能にするといわれる。事実，非犂耕地は犂耕条件下で冬を経過した土地と同様に早期に耕耘されえない。

　もし土地が秋播き作物を生産するならば，早春耕耘は二重に重要となる。作物が春に十分に出芽するやいなや，土地は必要ならば数回徹底して鉄製のティース・ハロー（teeth-harrow）をかけられるべきであった，そしてその歯は作物を引き裂かないようにうしろで斜めにはめ込まれている。かくして，形成された緩い土壌マルチは水分保持のために極めて効果がある。そしてそのハローで引き裂かれたわずかの作物は残りの作物に対する水供給の増加によって償われる以上の効果がある。賢明な乾燥地農業者は，休閑か作付けかいずれにしても，春できるだけ早く，土地を耕耘する。

　第1回の春季犂耕，ディスキング，あるいは耕耘に続いて，より頻回にわたる耕耘が行われなければならない。春季犂耕後まもなく，土地はディスクされ，それからハローがけされるべきであった。土地表面上で緩い乾いた土壌の層を確実に形成するためにあらゆる工夫が利用されるべきであった。生育期間中の作物はこの春季管理の効果いかんに大きく依存する。

　生育期間の進行につれて，土壌水分を蒸発させるべく3原因が結合する。すなわち，第1に，春のいくらか湿った条件下で，土壌が詰まって固まり，したがって，水が逃げ去る土壌のより下層との数多くの毛細管結合を復活する自然的傾向がある。それ故に，注意深い観察が土壌表面で行われるべきである，そして，マルチが緩くないときはいつでも，ディスクないしハローが土地にかけられるべきであった。第2に，春から夏にかけて降る雨すべては土壌中の貯水

と結合しがちである。事実，しばしば晩春から夏にかけて降る雨は，耕耘によって多く貯水するように管理されていた乾燥農場にとって不利益になることもある。ほんのわずかの雨が地表下数フィートの土壌層にある水分をすばやく吸い上げることが繰り返し明らかにされた。雨のない夏は，豊沃で水分を十分に含んでいる土壌を有する乾燥地農業者によって恐れられはしない。春から夏にかけての雨の後の極めて早い時期に蒸発妨止のために表土が十分に撹拌されていなければならない。かくして，頻繁に夏雨が降る地域で，大平原地域でのように，農業者は土地を引き続き何回もハローしなければならない，しかし，より多くなされた努力は必然的に作物収量の増加によって正当化される。 第3に，夏季休閑地で，雑草は春に精力的に伸びはじめ，そして伸びるに任せられるならば，1作の小麦あるいはトウモロコシに匹敵するくらい多くの土壌水分を吸収する。乾燥地農業者は土地に雑草をはやさない。耕耘は（犂ないしディスクによって…訳者注）継続して行われるべきであり，そしてそれによって雑草を根絶やしにする。雑草が土壌に付加した成分によって，土壌水分の損失が相殺されるという信念は，まったくの誤りである。休閑中の乾燥農場での雑草の生長は，鎮圧され管理されなかった表土以上に危険である。雑草防除を容易にするための多くの機具が考察された，しかし，どんな農場ででも発見される犂やディスク以上によりよいものは現れない（第15章「乾燥農法のための機具」参照）。

　作物が土地で生長しているとき，徹底した夏季耕耘はやや難しい，しかし，作物収量を確実に最大にするためには実行されなければならない。ポテト，トウモロコシなどの作物は通常のカルチベータの利用によって比較的容易に耕耘される。小麦やその他の小粒作物について，一般に生育期間末のハローイングから作物が受けたダメージは大きすぎる，それ故に，頼みの綱は，不適当な蒸発を防止するはずである作物のかげり力（shading power）である。しかし，小麦およびその他の穀実が10～12インチの高さにならない間に，それらをハローすることはまったく安全である。その際，作物の引き裂きを抑えるために歯が機具のうしろに取りつけられるべきであった，そして機具は土壌の硬い皮を徹底して壊すために十分重くされるべきであった。この行為は乾燥農場地域のより大部分で十分に試みられ，そして満足であると発見された。

　土壌中の貯水を作物利用のために保持する恒久土壌マルチ（permanent soil

mulch）が極めて重要であるので，小粒穀物や牧草が生長している土地を効率的に耕耘するための手段が工夫された。多くの場所で，作物は，耨を手にした人がその間を通行できるほど離れている条（row）で育てられた。スコフィールド（Scofield）はこの方法がチュニス（Tunis）で成功を収めたと述べた。アメリカで，キャンブルなどの提案は条播穴（drill-hole）が3フィート間隔で閉じられる，ということであり，そしてそれは，馬が移動し，そして小麦の条間を耕しうるほど隙間のある歯のついた大型のスプリング・ティース・カルチベータ（spring-teeth-cultivator）を牽引するのに十分に広い小径を作るためである。平均的な条件下で，少なくとも穀作物のこのような注意深い耕耘は収量によって正当化されるかどうかは，いまだ疑わしい。高度乾燥条件下で，あるいは土壌中の貯水が少ないところで，このような管理はしばしば作物の成功か失敗かいずれか分からない，しかし，生育中の小麦の条間を安価かつ急速に耕耘する方法が考案されることはありそうなことである。他方，乾燥地農業者が常に想起しなければならないことは，儲けが少ないということであり，また，わずかな浪費をいかに防止するかその程度に彼の成功が依存しているということである。

　土壌水分の保持は表土の精力的な，絶え間ない，継続的な撹拌に依存する。耕耘！耕耘！さらに耕耘！が乾燥気候の水泥棒と戦う乾燥地農業者の鬨の声であるにちがいない。

第9章　蒸散 (Transpiration) の抑制

いかにして水が土壌から流出するのか？

　土壌に浸入した水は3つの方法で失われる。第1にそれは下方への放水 (seepage) によって流亡し，そして，そのために水は作物根の到達範囲を超え，しばしば滞水にまで到達する。乾燥農場地域では，このような損失はまれにしか起こらない，というのは自然の降水は地域の天然排水路 (country drainage) と結びつくほど多くなく，したがって，このような損失は考慮に入れられないからである。第2に土壌水は表面土壌から直接に蒸発によって失われる。乾燥地域で普通一般的な条件は，この種の土壌水分の損失にまったく都合がいい。しかし，農業者が，適切かつ入念な表土の耕耘によって，考慮の必要がないほどそれほどこの損失を思いのままに減らすことができることが前章で明らかにされた。第3に土壌水は作物自体からの蒸発によって失われる。一般に理解されていないが，この損失源は，乾燥農法が適切に実施されている地域で，放水か直接的蒸発かいずれかによって生じる損失以上にはるかに大きい。作物が生長しているかぎり，通常，蒸散と呼ばれた作物からの蒸発は続く。種々の乾燥地域での実験によると，十分に犂耕された土壌から直接に蒸発する量と比べて1.5〜3倍多い水が作物から蒸発する。現在まで，この継続的な水の損失を阻止するあるいは制卸する最も効率的な方法についてほとんど研究されてこなかった。蒸散，あるいは作物自体からの水の蒸発，そしてこの損失を制卸する手段は，乾燥地農業者にとって最も重要な課題である。

吸　収

　本章で提案する蒸散を減らす方法を理解するためには，作物によって土壌か

ら水が吸収される方法を簡単に振り返ることが必要である。根は水を吸収するための器官である。実際，いかなる水も，多雨の条件下でさえ，作物の茎あるいは葉から吸収されない。茎や葉から作物体内に入るかもしれない少量の水は，作物の生命や生長促進のためにほとんど価値がない。根だけが，実際，水の吸収のために重要である。根の部分すべてが土壌水の吸収において等しい力を持っているわけではない。水吸収において，根が若ければ若いほど活発でかつ効率的である。しかし，若い根のうちでさえ，ある部分だけが活発に水吸収を行う。若い生長しつつある根の先端に，第19図の拡大図に見られるように，多数の細毛（fine hairs）がある。若い根の生長点（growing point）の周りに群がり生えているこれら根毛（root-hairs）は，土壌水の吸収器官である。それらは一定時期に価値があるだけである，というのは，それらが生長するにつれ，水吸収力を失うからである。事実，若い根は実際に生長しているときだけ活発である。それ故に，水吸収は生長している根の先端

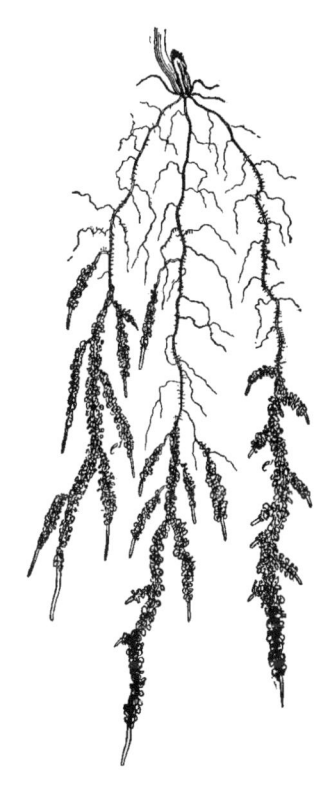

第19図　小麦の根：根毛が活発であるより下の部分に土壌粒子がくっついている。

近くで起こり，そして作物が生長しなくなるとすぐに水吸収も中断する，といえる。根毛はいまだ十分に理解されているとはいえないが，土壌から水および作物栄養を吸収する際に重要な役割を果たす種々の物質からなる希釈液（dilute solution）で満たされている。

　根毛は微細であるために，たいていの場合，土壌粒子を取り巻く水膜に浸されており，そして土壌水は浸透（osmosis）として知られている過程によって土壌水膜を通して根に吸収される。この内方移動（inward movement）の説明は複雑であり，そのために，ここでは議論をしない。根毛内にある溶液の濃さあるいは強さ（concentration or strength）と土壌水溶液のそれとが異なるとい

えば十分である。それ故に，水は根の内外の溶液を同じ濃さにするために土壌から根へと移動する。もし土壌水と根毛中の水とが同じ濃さになった，すなわち，同じ物質がたえず同じ比率で含まれるようになったならば，もはやどんな水の内方移動も起こらなくなる。さらに，もし土壌水が根毛内の水よりも濃くなった場合には，水は作物から土壌へと移動する。このようなことは西部の多くのアルカリ地でよく起こることであり，したがって，このような土地で生長する作物が枯死する原因となる。

　明らかに，これらの条件下で水が根毛に浸入するのみならず，土壌水中にある溶液物質の多くも作物に浸入する。これら物質の中に無機物質があるが，それは作物の生命と適切な生長のために不可欠な物質である。これらの作物栄養はまったく必要不可欠なものであるので，もしそれらのどれかが欠乏したとするならば，作物が生命機能を維持することは絶対にできなくなる。根毛が土壌から集積した必要不可欠な作物栄養は水のほかにカリウム (potassium)，カルシウム (calcium)，マグネシウム (magnesium)，鉄 (iron)，チッソ (nitrogen)，リン (phosphorus) である－ただし，すべては適切な化合物としてである。作物がこれらの物質をどのように利用するかはまだ十分に理解されているとはいえないが，我々は各物質が確かに作物生命に対してそれぞれ特定の機能をもっていると考える。例えば，チッソとリンは恐らく作物の蛋白質あるいは果肉 (flesh-forming portions) の形成のために必要であり，カリウムは特に澱粉の形

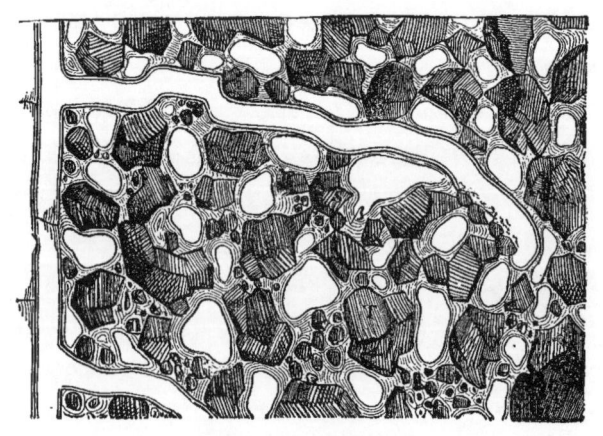

第20図　土壌への根毛の侵入

成のために有益である。

　絶対に必要な作物栄養は，根毛に浸入後，茎を通り葉へと移動する。作物栄養のこの継続的な動きは，作物が生長のためにこれらの物質をかなり多量に消費するという事実に依存する，したがって，作物体液（plant-juices）中の特定の作物栄養はその量の減少につれて，より多量に土壌溶液から補充される。作物に浸入するのは必要な栄養だけではなく，土壌水中に溶けているものすべてが可変量で作物に浸入する。にもかかわらず，作物がそのうちの特定の2～3の物質のみを利用し，不必要なものを残すので，まもなく土壌溶液中にある不必要な要素は内方移動を中止する。この過程はしばしば選択的吸収（selective absorption）と呼ばれる。すなわち，作物には，生存活動のために，土壌からある物質を選択し，その他を拒絶する力があるようである。

作物体中での水の移動

　多種類の作物栄養を溶液として保有している土壌水は，根毛から細胞へ移り，そして徐々に細胞から細胞へと作物体全体に移動する。多くの作物の場合，水のこの流れは単に細胞から細胞へと移動するのみならず，管（tube）をも通って移動する。この管は明らかに作物体全体への水の移動を助けるという特別目的のために形成されていたものである。この流れの速さはしばしば相当である。その移動がしばしば単位時間当たり18フィートに達するという記録があるが，通常は単位時間当たり1フィートから6フィートである。そのとき明らかなことは，活発に生長している作物の場合，土壌中にある水が作物上部にまで到達するのに長くはかからない，ということである。

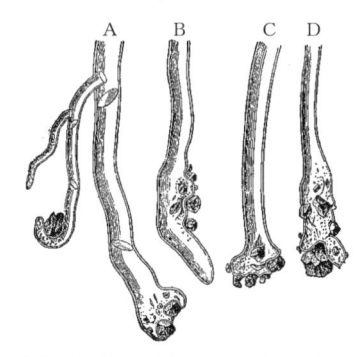

第21図　根毛の拡大図：これはいかにして土壌粒子が根毛に付着させられるかを示す。

補注：文章中に第20・21図の挿入場所の指摘がないので，原著挿入個所を参考にして適宜挿入した。第21図中のA，B，C，Dは土壌粒子が根毛に付着している種々の状態を示す（訳者注）。

葉 の 働 き

　水は，細胞から細胞へとあるいは特別に備え付けられた管を通って上方へ移動するかどうかは別にして，最終的には蒸発が起こる葉に到達する。我々は，蒸散による損失をより明確に理解するために葉の中で何が起こっているかをより詳細に考察しなければならない。作物体の半分以上は炭素から作られている。その他残りの部分は土壌から取り込まれた無機物質（乾燥作物の2～10％程度）と，作物生命に特有の産物を形成するためにこれら無機物質や炭素と結合した水とからなる。作物物質の半分以上を構成する炭素は大気中から葉によって収集される，それ故に，明らかに葉は作物生長の著しく活発な担い手である。大気は主に酸素とチッソからなり，その割合は1対4である，そして，それらと少量にすぎないその他種々の物質とが結びついている。大気の2次的構成要素の主なものは二酸化炭素であり，それは，炭素が燃えるとき，すなわち，炭素が大気中の酸素と結びついて，形成される。石炭あるいは木あるいはどの炭素含有物質（carbonaceous substance）も燃えると，常に二酸化炭素が形成される。葉には大気中から二酸化炭素を吸収し，そしてそれを炭素と酸素とに分離する能力がある。酸素は大気中に戻されるが，炭素は保持され，作物が油（oil），脂肪（fats），澱粉（starches），糖（sugars），蛋白質（protein）などを合成するための基本物質として利用される。

　炭酸同化作用（carbon assimilation）として知られているこの重要な過程は

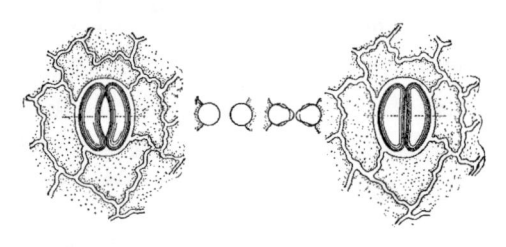

第22図　葉面上の開いた，また，一部閉じた息継ぎ孔の図。これらの開きによって水は作物から排出される（キング『灌漑と排水』より）。

主に葉表面にあり，気孔（stomata）として知られている無数の小さな開き（opening）の助けによって可能にされる。気孔は精巧な調整弁であり，外部の影響に対して極めて敏感である。高性能顕微鏡で観察されたそれらの姿は第22図の通りである。気孔の数は葉の表面よりも裏面の方に多い。事実，葉の表面より裏面にしばしば5倍以上の気孔がある。推計では，通常の栽培作物の葉の裏面に1平方インチ当たりしばしば15万強の気孔が見いだされる。気孔あるいは息継ぎ孔（breathing-pores）は極めて簡単に開閉できるように作られている。萎れた葉の場合，それらは実際閉じている。それらはまた雨後直ちに閉じることがある。しかし，日射しが強い場合，それらは通常大きく開いている。大気ガスが作物に侵入し，排出された酸素が大気に戻るのは気孔を通してである。

　土壌から根によって吸収され，茎を通して吸い上げられる水が大気中へ蒸発するのも気孔を通してである。作物の茎や枝から水がいくらかは蒸発するが，総蒸散量の13分の1～14分の1強になることはめったにない。葉から気孔を通しての水の蒸発はいわゆる蒸散であり，そしてそれは乾燥農場条件下での土壌水損失の最大要因である。乾燥農法についての将来の多くの研究者が取り組まなければならないのは，この蒸散防止である。

蒸　　散

　水が息継ぎ孔を通して葉から蒸発するにつれて，必然的に作物のより低い部分でより多くの水需要が生じる。水損失の影響は作物全体で感じられ，そして，疑いなく，土壌からの水吸収の主な原因の1つとなる。蒸散の減少につれて，作物に浸入する水量も減る。だが，蒸散は作物生命にとってまったく必要な過程であるようである。問題は，単純に，作物生長に害を与えずにどの程度にまで蒸散を減らすことができるか，である。多くの研究者が信じていることは，作物生長のために根本的に重要な炭酸同化作用が，作物体内を移動し，それから葉から蒸発するといった水の着実な流れがなければ，継続して行われない，ということである。1つのことに対して我々はかなり確信している。すなわち，もし上方への水の流れがわずか数時間でもまったく停止されるならば，作物は将来の生長が大きく不利を被るほど甚だしい害を受けるようである。

作物学の権威は以下の理由で蒸散が作物生長にとって有効であることに同意する。すなわち，その理由とは①蒸散が作物生長に必要な無機質栄養を作物体中に均一に配分する手助けをする，②蒸散は，葉で活発な炭酸同化作用を行わせる，③水の蒸発に際して必要とされた熱が作物体の多くの部分から吸収されたので，蒸散は，作物がオーバーヒートしないようにする－この蒸散の価値は，とりわけ乾燥農場地域で重要である，というのはそこでは夏季中しばしば暑すぎるからである，④明らかに，蒸散は，いまだ明確に理解されていなかった多くの方法で，作物生長や発達に影響を及ぼす，ということである。

蒸散に影響を及ぼす諸条件

一般に，葉からの水の蒸発を決定づける条件は，土壌からの水の直接的な蒸発を助長する条件と同じである，ただし，作物の生命過程になんらかの要因，つまり，通常の水分消散要因が十分に作用するのを促すあるいは防止する生理的要因（physiological factor）があるらしい。土壌からのあるいは自由水表面からの水の蒸発が作物の葉からの蒸発と同じではないことは，一般に，一定の葉表面から蒸散した水量が同条件にある同じ広さの自由水表面から蒸発した水量以上に多いかあるいは少ないという事実から明らかにされる。さらに，そのことは，自由水表面からの蒸発がほとんどあるいは全然じゃまされることなく24時間中進行するのに，蒸散はたとえ自由水表面から急速に蒸発するための条件があるとしても，夜間は本質的に停止するという事実によって明らかにされる。

蒸散に影響を及ぼす諸条件は次の通りである。すなわち，①蒸散は相対湿潤性によって左右される。大気が乾燥しているとき，その他の条件が同じであるならば，作物は湿った大気の場合以上に多くの水を蒸散する，ただし，いかなる水も自由水表面から蒸発しないほど大気が十分に飽和しているときでさえ，作物の蒸散がわずかながら続いているということが注意されるべきである。このことは，作物の生命過程によってある量の熱が生み出されるので，作物は常に周りの大気よりも暖かく，その結果，水蒸気で十分に満たされた大気中への蒸散が起こるという観察によって説明される。小相対湿潤性下で蒸散がより多

いという事実は，乾燥した大気と戦わなければならない乾燥地農業者にとって最も重要である。②蒸散は温度の上昇とともに増加する。すなわち，その他の条件が同じであるならば，蒸散は寒い日よりも暖かい日により急速である。しかし，温度の上昇それ自体が蒸散を引き起こすわけではない。③蒸散は大気の流れの増加とともに増加する，すなわち，風のある日に蒸散は，静かな日よりもかなり急速である。④蒸散は直射日光の増加とともに増える。相対湿潤性，温度そして風が同じであったとしても，蒸散は夜間最少にまで減り，そして，直射日光が有効となる日中に数倍に増加することは興味深い観察である。この条件も乾燥地農業者によって注意されるべきである，というのは乾燥農業地域は十分すぎる日光によって特徴づけられているからである。⑤蒸散は作物の栄養剤として必要な土壌水中にある多量の物質によって減らされる。このことについては次節でより充分に議論する。⑥作物に対するどんな機械的な震動も蒸散に対してある効果があるようである。このような機械的な妨害によって，ある時には蒸散は増加し，ある時には減る。⑦蒸散は作物の生長とともに変動する。幼作物の場合，それは比較的少ない。開花直前にそれは極めてより多くなり，そして，開花時に，作物生育過程上最大となる。作物が成熟に向かうにつれて，蒸散は減少する，そして，ついに成熟段階でほとんど停止する。⑧蒸散は作物によって大きく異なる。作物すべてが土壌から水を同じ率で吸収するとはかぎらない。蒸散を基準とした作物の相対的水要求（relative water requirements）についてはいまだほとんど知られていない。事例として，マクドーガルはセイジブラッシュがトマトの約4分の1の水を利用するにすぎないと報告した。その他の作物間には，より大きな格差さえある。このことは乾燥農場地域の開拓に従事する人々によって研究されるべきである興味深い課題である。さらに，同じ作物でも異なった条件下で育てられたならば，蒸散率は異なる。例えば，ある時間，乾燥条件下で育てられた作物は，スパルディング（Spalding）が明らかにしたように，それらの蒸散率を変更する，すなわち，スパルディングは，湿潤条件下で育てられた作物が乾燥条件下で育てられた同じ作物より3.7倍多い水を蒸散したと報告している。この極めて興味深い観察は，乾燥条件下で育てられた作物が徐々にそれら自体を普通一般的な条件に適応させ，そしてより多くの水を消散する条件にもかかわらず湿潤条件下でよりも少

ない水消費で生きるという一般に保持された見解を確認しがちである。さらに，ゾラウエルは，長年前，同種作物でも品種が異なれば，蒸散率は大きく異なることを発見した。このことも興味深い課題であるので，将来十分に研究されるべきである。⑨作物の生長力（vigor of growth）は蒸散に対して強力な影響を及ぼすようである。しかし，作物がより活発に生長すればするほど，水の蒸散がますます急速になるとはいえない，というのは最も旺盛な作物生長が蒸散が著しく低い熱帯で起こることがよく知られているからである。同じ条件下で最も活発に生長する作物は反比例して最も少量の水を利用しがちであるというのは本当のようである。⑩根系－生長する深さと広がり－は蒸散率に影響を及ぼす。根系がより活発で広がれば広がるほど，ますます急速に水は土壌から作物体へと吸収される。

　蒸散に影響を及ぼすものとして上に列挙した諸条件はほとんどすべて物理的性質である，そして，それらが生理的抑制（physiological regulation）によってなくされるあるいは変えられることは，忘れられるべきではない。蒸散問題は，水が不足している地域での作物生産に適用する際の最も重要な課題の1つではあるが，まだ十分理解されているとはいえない，ということが認められなければならない。蒸散に影響を及ぼす上記諸条件のほとんどすべてが農業者の手に負えないことも注意されなければならない。通常の農作業によって最も簡単に制御することができるようにみえるものについては次節で議論する。

作物栄養と蒸散

　研究者による蒸散についての繰り返しの観察によると，実際に葉から蒸発する水量は，土壌水中の溶液に保持されている物質によって著しく変わった。すなわち，蒸散は土壌溶液の性質と濃さ（nature and concentration）に依存する。この事実は，現在では一般に適用されないが，実際，大変長期にわたって知られていた。1699年に，ウッドワード（Woodward）は雨水で生長している作物が蒸散した水量が192.3g，泉水では163.6g，そしてテームズ河の水では159.5gであることを発見した。すなわち，比較的純粋な雨水で生育している作物が蒸散した水量は，テームズ河の著しく不純な水で生育している作物が蒸散した

水量よりも約20％多かった。1859年に，ザッハ（Sachs）は蒸散に関する一連の入念な実験を行い，そしてその中で作物が生長した溶液に対するチッソ，カリウム，硫安あるいは通常塩（common salt）の追加によって蒸散が減ったことを明らかにした。事実，その減少は大きく，10～75％である。このことは後の数多くの研究者によって確認された，そしてその中で例えば1875年にブェルガーシュタイン（Buergerstein）は作物が生長している土壌あるいは水に対する酸（acids）の追加によって，常に蒸散が著しく増加することを明らかにした。しかし，どの種のアルカリが追加されても，蒸散は減る。このことは，乾燥農場土壌が概して湿潤条件下で維持された土壌以上にアルカリと分類される物質をより多く含んでいるので，乾燥農法の発達のために特別の関心がある。酸性（sour）土壌は雨が豊富である地域で極めて特有である。このような土壌で生長する作物は過度に蒸散し，その結果，作物は旱魃の害をより受けやすい。

　1世代前の研究者も，完璧な栄養溶液が作物に与えられるときはいつでも，すなわち，溶液が必要な作物栄養すべてを適切な比率で含んでいるときはいつでも，蒸散は著しく減ると，疑問を持つことなく結論づけた。作物栄養が蒸散を減らすために水溶液で与えられる必要はない。もしその栄養が作物が生育している土壌に追加されたとしても，結果は同じである。それ故に，購入肥料の土壌への追加によって，蒸散は減る。別々の土壌で生育している同種の作物がそれらの葉から別々の量の水を蒸発することは，さらに約半世紀ほど前に発見された。この差異は疑いなく土壌の豊沃性（fertilizer）という条件に依る，というのは土壌が豊沃になればなるほど，ますます土壌水は必要な作物栄養で一杯になるからである。蒸散あるいは作物からの水の蒸発が土壌溶液の性質や濃さに依存するという原理は，乾燥農法を合理的に実行するために極めて重要である。

乾物1ポンド当たりの蒸散量

　作物の生長は蒸散量と比例するか？　水を多く蒸散する作物は蒸散量の少ない作物よりも急速に生長するか？　これらの疑問は，蒸散量についての活発な研究によって特徴づけられた時期のまさに初期に起こった。もし蒸散量の変化

によって生長が変わるとするならば，蒸散量を減らすことになんの特別の利益もなかった。経済的観点からすると，重要な問題は次のことである。すなわち，作物は，蒸散率が減ったとしても，同じく活発に生長するであろうか？　もしそうであるならば，農業者は蒸散率を制御し，また減らすあらゆる努力を行うべきであった。

　1699年にウッドワードによって行われた蒸散に関する最も初期の実験によると，もし土壌溶液が適当な濃度で作物生長に必要な要素を含んでいるとするらば，乾物1ポンドを生産するために必要な水はより少なかった，ということである。150年以上の間，上記の疑問に答えようとする試みはなかった。恐らく，この期間中疑問に思われることさえなかった，というのは科学的農業が雨が豊富である諸国でちょうど始まりつつあったからである。しかし，1878年にシャプロウィッツ（Tschaplowitz）は上記課題を研究し，そして乾物の増加は蒸散量が最少であるとき最大である，ということを発見した。ゾラウエルは1880〜1882年の研究でほとんど絶対的な確信をもって乾物1ポンドを生産するために，無施肥のときより，土壌に肥料が施用されるとき，水要求がより少ない，と結論づけた。また，彼は，人造肥料の追加による土壌溶液の富裕化によって，作物がより少ない水で乾物を生産することができたことを観察した。さらに，彼は，もし土壌が作物栄養を遊離し，そしてその方向で土壌溶液を富ますほど適切に耕耘されるならば，乾物の水コストは減る，ということを発見した。ヘルリーゲルは1883年にこの法則を確認し，そして作物栄養が不十分であるならば，乾物1ポンド当たりの水コストは増加するという法則を定めた。ロザムステット試験場が，旱魃の期間中よく耕耘され，よく施肥された圃場の収量は良好であった一方，肥料未施用圃場では収量は不十分にすぎないあるいは作物は失敗したことが実験から明らかとなった，と報告したのはこの頃であった―このことから明らかになることは，雨量が制限要因であったので，少量の水で多収が得られるかどうかを決定する場合に，土壌の豊沃性が重要となる，ということである。1895年にパグノウル（Pagnoul）はトボシラガ属の作物（fescue-grass）で試験を行い，同じ結論に到達した。貧弱な粘土土壌では乾物1ポンドの生産のために1,109ポンドの水を必要とした，他方，豊沃な石灰質土壌ではわずか574ポンドの水を必要としたにすぎない。合衆国農務省土壌局のガー

ドナー（Gardner）は1908年に施肥試験を行い，土壌が豊沃になればなるほどますます乾物1ポンドの生産のために必要とされる水はより少なくなる，という結論に達した。偶然に，彼は制限雨量の諸国でこのことが作物生産に適用すべき極めて重要な原理であるという事実に注意を向けた。ホプキンス（Hopkins）がイリノイ州での土壌研究で，ある土壌と関連して繰り返し観察したことは，土壌が豊沃であるところで，旱魃害がない，したがって，豊沃な土壌によって，より低い水コストで乾物が生産されることを示唆する，ということである。ユタ州試験場でのこの課題に関する最近年の実験によって，これらの結論が確認される。数年にわたる実験は種々の土壌が詰められているポットで行われた。自然的に豊沃な土壌で，乾物（トウモロコシ）1ポンドの生産に対して水の蒸散は908ポンドであった。この土壌に通常の施肥を行うと，この蒸散は613ポンドに減り，そして少量の硝酸ナトリウム（sodium nitrate）を追加すると，585ポンドに減った。もしそれほど大きな減少が実際に起こるとするならば，そのことは，乾燥農場が土壌中に貯えられたほんのわずかの水で経営を始める年に購入肥料を利用することを正当化するようにみえた。同様な結果は，以下で明らかにするように，種々の栽培方法を利用することによって得られた。それ故に，法則（law）として述べられることは，土壌水により多量の作物栄養を獲得させるどんな栽培方法も，作物がより少量の水利用で乾物を生産できるようにする，ということである。制限要因が水である乾燥農法の場合，この原理はあらゆる栽培作業において強調されなければならない。

蒸散を制御する方法

　蒸散を制御しそして適切に耕耘された土壌で最少量の水で最大の収量を実現するために農業者が持ち得た現在唯一の手段は，土壌をできるだけ豊沃な状態にしておくことである。この原理に基づいて，貯水や土壌からの水の直接的な蒸発の防止のためにすでに推奨された行為が再び強調される。冬季の風化作用が土壌中深くまでかつ強力に行われると感じられるほどできれば秋に深くまでかつ頻繁に犂耕することが，作物栄養を土壌から遊離させるためにまず第1に重要である。水の直接的な蒸発を防止するために推奨された耕耘は，それ自体

作物栄養を土壌から遊離し，したがって，作物が必要とした水量を減らすために効果のある要因となる。すでに言及したユタ州試験場での実験によると，蒸散を減らすための耕耘の価値が極めて明らかとされる。例えば，一連の実験によって次の結果が得られた。すなわち，未耕耘砂質壌土（sandy loam）で，トウモロコシ乾物1ポンドを生産するために603ポンドの水が蒸散した。対して，同耕耘土壌では，わずか252ポンドの水が必要とされただけである。未耕耘粘土壌土（clay loam）で，乾物1ポンドを生産するために535ポンドの水が蒸散した，他方，耕耘土壌ではわずか428ポンドの水が必要とされただけである。未耕耘粘土土壌（clay soil）で乾物1ポンドを生産するために753ポンドの水が蒸散した。対して，耕耘土壌ではわずか582ポンドの水が必要とされただけである。それ故に，夏季中，また，降雨のたびごとに忠実に土壌を耕耘する農業者は極めて重要な2つの事柄を成し遂げつつあることを知って満足する。すなわち，彼は土壌中に水分を保持しており，そして彼は多収をさもなくば必要であったよりも少ない水で得つつある。通常の耕耘によっては直接的な蒸発を減らすことができない特殊な土壌でさえ，蒸散に対する耕耘の効果は顕著であった。未耕耘土壌で，乾物（トウモロコシ）1ポンドを生産するために451ポンドの水が必要とされた，他方，耕耘土壌では，直接的な蒸発はより少なくはなかったけれども，乾物1ポンドを生産するために必要な水は265ポンドと少ない。休閑耕の主な価値の1つは，休閑年中における作物栄養の遊離にある，というのはこのことによって，次年に作物が充分に生長するために必要となる水量が減らされるからである。すでに言及したユタ州の実験によると，以前の土壌管理が作物の水要求に及ぼした効果が明らかとなる。3つの土壌型の半分は3年連続して作付けされ，他の半分は裸地のままにされていた。第4年目中に，双方の半分にはトウモロコシが播種された。砂質壌土に対して，以前，作付けされた部分で，乾物1ポンドを生産するために659ポンドの水が必要とされ，他方，裸地であった部分では僅か573ポンドの水が必要とされたにすぎないことが発見された。粘土壌土に対して，作付部分で889ポンド，以前，裸地であった部分で550ポンドの水が乾物1ポンドの生産のために必要とされた。粘土に対して，作付部分で7,466ポンド，以前，裸地であった部分で1,739ポンドの水が乾物1ポンドの生産のために必要とされた。これらの結果が明確にかつ強調

して教えることは，休閑耕が誘起した土壌の豊沃な状態のために，たえず作付けされる土壌でよりも少ない水量で乾物が生産される，ということである。それ故に，休閑耕の有益な効果は明確に2倍である。すなわち，1作物のために2生育期間の水分を貯えること，そして作物が最少量の水で生育するように豊沃性を遊離する（to set free fertility）ことの2つである。作物の水要求を減らす働きのある豊沃性を土壌に与えるに際して，休閑耕によってどのような変化が起こるかは，まだ十分理解されているとはいえない。モンタナ州のアトキンソン，ユタ州のスチュワート（Stewart）やグレヴェス（Graves）そしてサウス・ダコタ州のジェンセン（Jensen）の研究によると，チッソが全過程において重要な役割を果たすらしい，ということである。

　もし適切な時期に行われた注意深い深犂耕も固い表土の継続的な耕耘もいずれも十分な作物栄養を遊離するのに充分ではないような性質の土壌であるならば，肥料あるいは購入肥料が土壌に施用されなければならない。土壌豊沃性の回復といった問題が乾燥農法でまだ主要なものになってはいないが，本章での論述を考慮に入れると，農業者が土壌水分の貯えや保持に加えて，土壌豊沃性に主な注目を与えなければならない時期が確実に来るにちがいない。土地に対する適切な作物栄養の施肥によって，先の諸節で述べたように，蒸散は制御され，そして最低の水コストで乾物が生産されるようになる。

　実際に乾燥農場地域すべてでの，少なくとも山間および西端部での，収穫のために穂刈機を利用する近年の行為は本章で考察した課題と直接的に関係する。残された背丈の高い刈り株には，しばしば作物の根が地表下数フィートから集めた多量の価値ある作物栄養が含まれている。したがって，この刈り株が犂き込まれるならば，上部土壌に対して作物栄養の有効な追加がなされたことになる。さらに，刈り株の腐敗につれて，それらに閉じ込められていた作物栄養を遊離するよう土壌粒子に働きかける酸物質が生産される。それ故に，刈り株の犂き込みは乾燥地農業者にとって大きな価値がある。その他どんな有機物の犂き込みも同様な効果がある。これら双方の場合に，豊沃性は地表面近くに集積され，土壌水に溶け，そして作物を最少量の水で成熟させる。

　そのとき本章から学ばれるべき教訓は，乾燥地農業者にとって土壌中に十分に貯水し，そして土壌からの水の直接的な蒸発を防げば十分ということではな

い，ということである。土壌は高い豊沃性の状態に保たれていなければならない。そのことによって，作物は貯蔵水分を最も経済的な方法で利用するようにさせられるからである。貯水，蒸発防止，そして土壌豊沃性の維持の併進によって，無灌漑農法が十分に発展する。

第10章　犂耕と休閑耕

　これまで述べてきた土壌管理は，①できるだけ秋に行う，深いかつ徹底した犂耕，②地表面にマルチを形成するための徹底した耕耘(thorough cultivation)，そして，③少雨下では隔年，あるいは多雨下では3〜4年に1回の清浄夏季休閑耕である。
　乾燥農法の研究者すべては，表土の徹底耕耘が土壌水分の蒸発を防止することに同意する，しかし，秋季深犂耕や時々の清浄夏季休閑の価値に疑問を抱く人もいた。乾燥農場条件下で多収を得るために，犂耕や休閑耕の価値と関連して実際家が発見したことを述べることが本章の目的である。
　制限雨量下で無灌漑で作物を生産しようとする最初の試みがそれぞれ独自に種々の場所で行われたことは，第18章（本書では省略したが，その概略については第1部第3節第2項〔pp.14-15〕で示した…訳者注）で述べられる。いま聞き及ぶかぎり，大平原地域と同様に，カリフォルニア州，ユタ州およびコロンビア・ベースン，これらすべては乾燥農法の独自のパイオニアであった。土壌や気候条件の異なるこれら地域で実際に同じ乾燥農法が発展したということは，最も意味のある事実である。これらすべての場所で，最良の乾燥地農業者は，心土が許すならば，どこででも深耕を行う。気候が許せば，どこででも秋季犂耕を行う。冬の寒さが許せば，どこででも穀物の秋季播種を行い，そして隔年，あるいは3〜4年に1回清浄夏季休閑を行う。大平原地域での乾燥農法の指導的代表者であったキャンブル(H. W. Campbell)[補注-1]は，方式の一部として清浄夏季休閑をしないで作業を開始した，そして，以来，長期にわたって乾燥地域でそのやり方を採用した。これらの行為は，広く分散している諸地域で長年月にわたり苦労して発達してきたので，適切な科学原理に依拠していないとは，信じられない。どんな場合にもこの国の乾燥地農業者によって蓄積されてきた経験によって，これまでの諸章で定立された乾燥農場のための土壌耕耘についての原理は確証される。

補注-1　キャンブル（H. W. Campbell）について

　乾燥農法の新たな再生（awakening）の歴史はH. W. キャンブルのなした業績を簡単に説明してはじめて十分に書かれうる，というのは彼は，公共心から，乾燥農場運動（dry farm movement）と緊密に関係したからである。キャンブルは1879年にヴァーモント州からサウス・ダコタ州北部へとやって来た，そしてそこでの1882年の収穫はすばらしく多収であった―300エーカーから12,000ブッシェルの小麦が生産された。しかし，同農場で1883年には，彼は完全に失敗した。この経験により，彼は大平原地域における小麦やその他の作物の生産条件を研究し始めた。研究に対する生来の愛着や頑固さのために彼は生涯を大平原地域の農業諸問題の研究に捧げることとなった。彼は認めているが，彼の直接的なインスピレーションは200年前に詳しく論じたジェスロ・タル（Jethro Tull；タルについては本章末補注-2として後述する…訳者注）の仕事や，自らの訓練によるものである。彼が早期に得た着想とは，もし土壌が犂き溝（plow furrow）の底近くで鎮圧されたならば，水分は十分に保持され，その結果，確実に多収が得られる，というものである。このために地表下鎮圧機（subsurface packer）がはじめて1885年に発明された。より後に，1895年頃に，彼の着想が昇華し，理論化されたとき，彼は『キャンブル土壌耕耘と農業誌』（"Campbell's Soil Culture and Farm Journal"）の発行者として登場した。各号の第1頁はキャンブル法（Campbell method）の簡明な説明にあてられた。夏季耕耘の原理が彼によって研究され始められたのは1898年であった。

　1890年代初期の不作（failure）や90年代末における乾燥農場の徐々の再生を考慮すると，キャンブルの業績は多大な関心をもって受け入れられた。まもなく彼は定住しようとする人々の便宜のための模範農場を維持しようとする鉄道会社の試みと関わるようになった。キャンブルは長らく半乾燥地の鉄道会社に奉職していた，けれども，公平にいえば，鉄道会社とキャンブルとが，主な目的として，農業者が作物栽培において確実に成功する方法の確定をねらっていた，と言われるべきであった。

　蓄積された経験に基礎をおくキャンブル氏土壌耕耘原理（Mr. Campbell's doctrines of soil culture）は，『キャンブル氏土壌耕耘マニュアル』（"Campbell's Soil Culture Manual"）に著されている，そしてその最初の編集は，1904年頃に著され，そして最後の編集は，かなり拡大されて，1907年に出版された。1907年マニュアルは，キャンブル方式の原理と方法についてのキャンブル氏による最新の公式文章である。方式の本質的な特徴は，次の通り要約されている。すなわち，土壌中での貯水は，乾燥した年における作物生産のために絶対に必要である。これは適切な耕耘によって確保される。収穫後，直ちに土地にディスクをかけよ。続いて，できるだけ早く犂耕しなさい，犂に続いて地表下鎮圧機を利用しなさい。そしてそれに続いて，スムーシィング・ハローを利用しなさい。春できるだけ早く土地に再びディスクをかけよ。そして雨後，常に深く土壌を撹拌せよ。秋に条播機で薄播きしなさい。もし穀物が春に密植すぎるならば，間引きしなさい。収量を確実にするために，土地は「夏季耕耘される」べきであった，そして，その意味は清浄夏季休閑が隔年，あるいは必要であるならば，しばしば行われるべきである，ということである。

　これらの方法は，地表下鎮圧以外，合理的なものであり，したがって，広大な乾燥農場地域での経験や，科学研究によって発展させられている諸原理と調和しているものである。今日あるようなキャンブル方式は，彼によってはじめに提唱された方式ではない。例えば，彼が研究のはじめに提唱したことは，穀物を4月に播くこと，加えてスプリング・ツース・ハローによって条間が耕耘できるように間隔をおいて条に播種する，ということである。

第10章 犂耕と休閑耕

この方法は,水分の保持のためには効果があるけれども,費用がかかりすぎる,それで,現在の方法によって凌駕されることになる。さらに,キャンブル法の供述を十分に含んでいる1896年の彼の農場栽培管理暦(farm paper)には,いまやその方式の基石となっている夏季休閑がまったく触れられていない。これらおよびその他の事実からキャンブル氏が最良の経験と調和するように彼の方法を大変適切に修正したことが明らかとなる,しかし,また,彼が乾燥農法の創始者であるという要請は無効となる。キャンブル方式の弱点は,地表下鎮圧機の利用に対してたえずなされた強調である。すでに明らかにされたように,地表下鎮圧は作物生産の成功にとっての価値は疑問である,そして,もし価値があるとしても,成果はいま市場に出回っているディスクやハローやその他同様な機具の利用によってより容易にかつ十分に獲得されることになる。恐らく,キャンブルの研究の1つの大きな弱点は,彼が実行の基礎になる原理の説明をしなかったことである。彼の出版物によってだけその理由が臭わされるにすぎない。しかし,キャンブルは乾燥農法の課題を一般に広め,他のために道を用意するという点で多くをなした。事実を集め,書き,そして話すという彼の研究への愛着によって,乾燥農法に対する関心が大きく呼び起こされた。彼は乾燥農法のより後のそしてより体系的な研究を可能にするべく多くをなした「荒野に叫ぶ声」(a voice in the wilderness)のようであった。半乾燥地域に対する彼の忠誠,熱心な観察そして困難に直面した頑固さに対して彼に高い名誉が与えられるべきであった。彼は世界中の雨の降らない地域を,無灌漑で,開拓することに関する偉大な研究者の1人としてランクされる権利を与えられるべきである(原文pp.361-365)。

乾燥農法会議(Dry-Farming Congresses)には数多くの実践的農業者が集まり,そこで経験や見解の交換が行われた。会議での報告は細かなことでは見解に大きな違いがあったが,より根本的な疑問についての見解は驚くほど一致していた。例えば,深耕はその課題にふれた人すべてによって推奨された。心土が著しく不活性であった地域に住んでいたある農業者は,耕深が徐々に増され,その結果,十分な深さに到達するようにされるべきであることを推奨した,そしてその深さになると,不活性土壌が活性化される一方,長年にわたる低収量を避けることができるからである。ユタ州,モンタナ州,ワイオミング州,サウス・ダコタ州,コロラド州,カンサス州,ネブラスカ州およびカナダのアルバータ(Alberta)やサスカチュワン(Saskatchewan)の諸地方すべては特に各州からの1～8人の代表を通じて乾燥農法の根本作業として深耕を明確に支持した。秋季犂耕は,気候条件が許せばどこででも,発言者全員によって同様に支持された。ある地域の農業者が,秋に著しく乾燥している土壌では犂耕は困難であることに気付いた,しかし,キャンブルはこのような場所でさえ冬前に十分な畜力を利用して土地を耕起することが有利であると主張した。ユタ州,ワイオミング州,モンタナ州,ネブラスカ州の各州,および大平原の多数の州

の発言者は，中国の人々と同様に秋季犂耕を支持した。異議をとなえる声はまったくなかった。

　乾燥農法の重要原理である清浄夏季休閑についての議論で，見解の違いがかすかに見いだされた。いくつかの地域の農業者は，隔年の清浄夏季休閑が不可欠であったと主張した。他は3年に1回で十分であると主張した。さらに他の農業者は4年に1回を主張した，そして若干の農業者がその休閑という知恵に頭から疑問を持った。しかし，発言者すべては清浄かつ徹底した耕耘が休閑年の春，夏そして秋中に忠実に実行されるべきであることに同意した。雑草が貴重な水分や豊沃性を消費するという事実の認識はあらゆる地域の乾燥地農業者の間で一般的であるようである。次の州（state），カナダ州（province），および国（countries）は明らかにかつ強調して清浄夏季休閑耕を支持した。すなわち，カリフォルニア州，ユタ州，ネバダ州，ワシントン州，モンタナ州，アイダホ州，コロラド州，ニューメキシコ州，ノース・ダコタ州およびネブラスカ州，また，アルバータ，サスカチュワンの各カナダ州，ロシア，トルコ，トランスバァール，ブラジル，オーストラリアの各国である。これら多くの地域各々の代表者数は1～10人以上であった。やや活発に清浄夏季休閑に反対を表明したのは大平原地域の1州だけであり，また，合衆国農務省から警告があった。合衆国の乾燥農場地域全体での農業者によって記録された実践経験によると，休閑耕が乾燥農法を成功に導く行為として受け入れられなければならないことが納得させられる。さらに，私人，州，あるいは政府の指示いずれの下で仕事をしているかは別にして，乾燥農場運動における実験リーダーは，例外なく乾燥農場方式の一部として秋季深犂耕や清浄夏季休閑耕を強力に支持している。

　清浄夏季休閑耕を乾燥農法の原理として受け入れることに対する主な嫌悪は，主として大平原地域の研究者の間にある。ただし，そこでも研究者すべてによって，休閑耕に続く小麦作の収量が，小麦に続く小麦作の収量よりも多くかつ良いことが認められる。しかし，それに異議を申したてる2つの重大な根拠があるようである。すなわち，第1に，2年ごと，3年ごと，あるいは4年ごとに実行された清浄夏季休閑によって土壌中の有機物が大きく減少し，ついに作物が完全に失敗するという恐れ，第2に，トウモロコシあるいはポテトといった耨耕作物によって同じく有益な効果が得られるという信念の2つである。

第10章　犂耕と休閑耕

　乾燥農法の一環をなす徹底耕耘が土壌の有機物を大気にさらし，そしてそれによって急速な酸化を促すことは，疑いなく真実である。そのために有機物が規則的に乾燥農場へ供給される種々の方法については第14章で指摘する。乾燥農場地域の大部分で実行されていた穂刈方式（header harvesting system）によると，犂き込まれるべき多量の穂刈り後の刈り株が残されることも観察される，したがって，このような方法によれば，休閑年中に失われる以上に多くの有機物が作付年中に土壌に付加されることはありうることである。さらに，トウモロコシあるいはポテトといった作物に対する徹底耕耘が，休閑圃場が十分に耕耘される場合と同程度にまで，土壌の有機物を失いがちであることが観察される。乾燥あるいは半乾燥気候下で，乾燥農法の重要な特徴である土壌を徹底して撹拌すること（thorough stirring）によって常に有機物は減少する。結果に関するかぎり，土壌が休閑であるか耕耘中に作物があるかどうかはまったく問題にならない。

　大平原地域での休閑耕と関連した重大問題は休閑圃場の十分に緩められた土壌の吹きとばしである，そしてその原因はミシシッピー渓谷の西側緩傾斜の大部分で極めて間断なく吹きつける強風である。この吹きとばしは，たとえ十分に耕耘されていたとしても，作物がその土地で育てられるならば，まったく避けられる。

　降雨が主に夏にある大平原地域で耨耕作物の生長が夏季休閑にとって替わるという近年提案の理論は，まだ未公表の実験データに基づいていたものであるといわれる。チルコット（Chilcott）や彼の共同研究者のような注意深いかつ良心的な実験者は，彼らの報告書（statement）で，多くの場合，小麦収量は耨耕作物の跡作のほうが，休閑年の跡作よりも多かったと述べている。それ故に，休閑耕が大平原地域の乾燥農法中にどんな場所も占めることができず，耨耕作物の栽培によって代替されるべきであったという原理がむしろ広められた。しかし，この原理の中心的な代弁者であるチルコットが明らかにしたことは，休閑耕が省略されるのは春播き作物のみであり，また，一連の正常年の間のみであること，次いで，極度な旱魃が予想されるところで，すなわち，降雨が平均以下であるところで，作物がまったく失われることに対して守るべき安全弁あるいは一時的な便法として休閑耕が頼りにされるに違いない，ということであっ

た。さらに，彼は穀物連作が，たとえ注意深い犂耕や春季・秋季犂耕を伴おうとも，成功しないことを明らかにする。しかし，隔年に穀作物と耨耕作物を含む輪作が，穀物と清浄夏季休閑との交替以上にしばしばより収利的であると主張する。さらに，彼は3～4年ごとの休閑が大平原地域の条件によりふさわしいと信じる。ヤーディンは秋播き穀物が大平原地域で栽培されるときはいつでも，休閑は著しく有用となり，事実，冬の乾燥のために，休閑は実際的には不可欠であると説明する。

この後者の見解は大体大平原地域の条件下でアトキンソンなどによって得られたモンタナ州試験場での実験結果によって確認される。結果は以下の通りである。

第12表 穀作における連作・休閑後の収量比較

(単位：ブッシェル)

支場	Kubanka 春小麦		White Hulless 大麦		Sixty-Day エン麦	
	連作	休閑後	連作	休閑後	連作	休閑後
Dawson 郡	15.18	17.57	15.97	20.90	31.17	51.00
Rosebud 郡	16.98	20.80	15.02	28.31	30.21	40.03
Yellowstone 郡	7.73	19.32	14.90	20.33	13.75	47.94
Chouteau 郡	14.18	17.35	13.29	11.95	28.90	34.56
平均	13.52	18.76	14.79	20.37	26.01	43.38

大平原地域の北端にあり，そして年温度がより低い地域を除く地域全体の特徴を示しており，そして乾燥農法が4分の1世紀の間行われていたサスカチュワンで，清浄夏季休閑が一般に承認された作業慣行となってきたことも述べられるべきであった。

大平原地域の農業における休閑耕の位置についての近年の議論によると，原理の地域条件への適用について本書でしばしば述べたことが例証されている。作物の成熟のために夏雨が十分であるところはどこでも，土壌に貯水するための休閑耕は必要ではない。このような条件下での休閑年の唯一の価値は，豊沃性を高めることである。大平原地域では，降雨はその他の乾燥農場地域よりやや多い，そしてその多くは夏に降る。そして夏季降水によって，もし土壌条件が好都合であれば，恐らく平年に作物は十分に成熟にいたる。その際，主として考慮に入れることは，水を受け入れやすくするために土壌を緩め，そして第

第10章 犂耕と休閑耕

9章で述べたように最少量の水で作物を生産することができるように十分豊沃な状態に土壌を維持することである。このことは，土壌が清浄休閑下でと同様によく撹拌されるならば，耨耕作物の栽培年中に完全に成し遂げられる。

乾燥地農業者が決して忘れてはならないことは，乾燥農法の場合，制限要素が水であり，そして，年降雨が，まさに自然の成り行き上，乾燥年あるいは平均以下の降水年が確かに来ることの結果として，年々変異する，ということである。やや湿潤な年に土壌に貯えられた水分はかなり少ない，しかし，旱魃の年に，その水分は主として農業者が依存するものとなる。いま，作物は，耨耕の有無にかかわらず，その生長のために水を必要とする，そして，多種類の作物が継続的に作付けされる土地は水分を著しく消耗していたので，旱魃年の際には，恐らく失敗したであろう。

乾燥農法の不確実性は取り除かれなければならない。毎年，旱魃になると予想されるべきである。作物収量の確実性が確かめられてはじめて，乾燥農法は他の農業分野と比べて尊敬に値するものとなる。このような確実性や尊敬に到達するには，平均雨量に応じた2年ごと，3年ごとあるいは4年ごとの清浄夏季休閑耕が恐らく不可欠となる。そして将来の研究は，十分長く継続されたとき，疑いなくこの予測を確証する。確かに，耨耕作物を含む輪作は乾燥農法の中に重要な居場所を見いだすであろう，しかし，恐らく清浄夏季休閑を完全に排除することはしない。

200年前にジェスロ・タル[補注-2]は，いくらかの場合に肥料の追加によっても生産することができなかった作物が土壌の徹底耕耘によって得られたことを発見した，そして，彼は耕耘は肥料であるという誤った結論に達した。近年，我々は耕耘の価値が水分を保持することや，作物が最少量の水で成熟することにあることを学んだ，そのために，我々は「耕耘は肥料である」ことを信じるよう誘惑される。このことはタルの報告のように馬鹿げたことであり，避けられなければならないことである。耕耘は一定程度，水分に代替するにすぎない。水は非乾燥農法があれば別であるが，乾燥農法において考慮すべき重大な要素である。

補注-2　ジェスロ・タルについて

　乾燥農法史の素描に当たってはジェスロ・タルの生涯や仕事の記述がなければ不完全なものとなったであろう。近代科学の成果に照らして解釈されたこの男性の農業諸原理は，近代乾燥農法のもとにある諸原理と一致する。ジェスロ・タルは1674年バークシアで生まれ，1741年に死去した。彼は職業弁護士であった，しかし，極めて病弱であったので，その仕事を続けることができず，そのために，生涯の多くを静かな農場に隠遁して過ごした。肉体的苦痛の中で，彼は自らのライフワークに取り組んだ。虚弱な身体にもかかわらず，近代的な知識に照らしてみると，彼は驚くべき農業方式を産み出した。彼の方式の主なインスピレーションはフランス北部の訪問から得られた，そしてそこで彼はFrontignan and Setts, Laguedo近くで最良かつ最大量のブドウを生産するためにブドウ畑が注意深く犂耕され耕耘(耨耕あるいは中耕を意味する…訳者注)されていることを観察した。この観察に基づき，彼は自分の農場で実験を開始し，そしてついに彼の方式を発達させた。要約すれば，以下の通りである。すなわち，利用される種子量は土地の状態，特に土壌水分量に比例すべきであった。確実に発芽させるために，種子は条播法によって播かれるべきであった。タルは，すでに観察されたように，いまあらゆる近代農業の特徴となっている条播機の発明者であった。犂耕は深くかつ頻繁に行われるべきであった。1作物に対する2回の犂耕はなんの害にもならず，しばしば収量を増加させることになった。最後に，方式の最も重要な原理として，土壌はたえず耕耘されるべきであり，その際，論拠となるべきことは，継続した耕耘によって土壌豊沃性が高められ，水が保持される，それで，土壌が豊沃になればなるほど，利用される水はますます少なくてすむようにされた，ということである。このような耕耘を行うために，作物すべてはむしろかなり離して，実際，カルチベーターを牽引する馬がそれらの間を歩きうるほど離して条に播かれるべきであった。方式において馬耨耕という考えは根本的なものとなり，それでその名称は1731〜41年にわたって出版されたジェスロ・タルの"The Horse Hoeing Husbandry"(『馬耨耕法』)という有名な著作の題名となった。タルの主張は，条間の土壌が本質的に休閑されており，そして次年度に種子が前年条間であったところに播かれる，したがって，このようにすれば，豊沃性はほとんど無限に維持される，というものである。もしこのようにされなかったならば，土壌の半分は隔年ごと休閑され，そして継続的に耕耘された。雑草は水や豊沃性を消費する，それ故に，休閑耕やすべての耕耘によって完全に清浄な状態にされなければならない。豊沃性を維持するために，輪作は行われるべきであった。小麦は主な穀作物であり，カブは根菜作物であり，そしてアルファルファーは極めて好ましい作物であった。

　これらの教訓が合理的であり，そして今日の最良の知識と調和しており，したがって，それらがすべての乾燥農場地域でいま提唱されているまさに慣行となっていることに気がつかれるであろう。このことは極めて奇妙なことである，なぜならば，タルは湿潤国で生活していたからである。しかし，彼の農場は極めて貧弱な白亜質土壌からなっており，それで，彼が研究した条件は降雨量が豊富な国で通常発見されたよりもより乾燥国に近かったことが述べられるだろう。ジェスロ・タルの実践それら自体が極めて優れたものであり，それで今日一般に採用されうる一方，だが，複雑きわまる諸原理についての彼の説明は間違っていた。当時の制約された知識を考慮に入れると，これは当然のことと思われるべきであった。例えば，彼は土壌耕耘の価値を徹底して信じていたので，土壌耕耘が土壌豊沃性を維持するその他すべての方法に取って替わったであろうと考えた。事実，彼は「耕耘は肥料である」(tillage is manure)と明確に宣言した，しかし，このことについて我々

は当時でも馬鹿げていると確信する。ジェスロ・タルは世界的な大研究者の1人である。200年前に湿潤国で生活していたけれども，彼がいま乾燥農法で実行されている土壌耕耘という根本的な行為を発達させえたという事実を認めて，彼の名誉を讃えて彼のポートレートを本書巻頭に飾った（本書では省略しているが，ウィドソー原著の巻頭にはタルのポートレートが掲げられている…訳者注）（原文pp.378-381）。

第11章　播種と収穫

　これまでの諸章で議論してきた土壌管理に関する諸原理を注意深く適用することによって，秋か春いずれかに播種するために土壌は著しく好都合な状態にされる。適切な乾燥農法が第1級の播種床を保証するけれども，播種の問題は無灌漑で作物生産を成功させるための最も困難なことの1つである。このことは主として，雨の降らない条件下で，播種時期の選択が難しいことに依る，そしてその時期は急速かつ完全な発芽と健全な作物を生産しうる根系の確立を保証する。いくつかの点で，乾燥農法の適用に際して，他の原理ほど明確でない信頼できない原理が播種に関して強調される。過去15年に及ぶ経験からの教訓によると，優れた乾燥地農業者でさえ被ったしばしばの失敗のほとんどは播種時にありがちな制御できない不都合な条件によって引き起こされた，ということである。

発芽の条件

　発芽（germination）は3つの条件によって決定される。すなわち，①温度（heat），②酸素，および③水の3つである。これら3条件すべてが好都合でなければ，種子は適切に発芽できない。発芽がうまくいくための第1の要件は適度な温度である。あらゆる種類の種子に対してそれぞれ特定の温度があり，それ以下であってもそれ以上であっても，発芽は起こらない，しかし，最適の温度で，しかも他の要因が好都合であるならば，発芽は最も急速に進行する。グッデール（Goodale）による第13表は，小麦，大麦，およびトウモロコシに対する最低，最高，最良の発芽温度を示している。その他の種子もだいたい同じ温度範囲内で発芽する。
　発芽は，この表の最高温度と最低温度の間で起こる，ただし，発芽の急速性は温度が最良から遠ざかるにつれて低下する。このことによって，温度が比較

第11章 播種と収穫

的低い初春や晩秋の発芽が説明される。もし温度が発芽に必要な最低よりも低下するとしても，種子が乾燥しているならば，害はない，そして，氷点（freezing point of water）以下の温度であったとしても，種子が湿潤すぎていなければ，種子は

第13表　発芽温度（カ氏）

（単位：度）

	最低	最高	最良
小麦	41	108	84
大麦	41	100	84
トウモロコシ	49	115	91

悪影響を受けることはない。農業者は発芽に必要な土壌の温かさをうまく制御することができない。それ故に，播種は過去の経験によると，温度が発芽に最適の近辺にあり続ける時期に行われなければならない。湿潤土壌の温度を上げるにはより多量の熱が必要となる。それ故に，十分に耕耘された乾燥農場土壌でしばしば観察された急速な発芽が証明しているように，種子は一般に乾燥土壌より湿潤土壌でよりゆっくりと発芽する。その結果，湿潤土壌よりも乾燥土壌で，低温での播種がより安全である。黒色土壌はより明るい色の土壌以上に急速に熱を吸収する，それ故に，温度条件が同じであるならば，発芽は黒色土壌で急速に進行する。乾燥農場地域で，土壌は一般に明るい色である，そのために発芽は遅くされがちであった。土壌を黒色にする有機物の土壌への混合は，土壌の一般的な豊沃性と同様に発芽に対してわずかといえども重要な関係をもち，そのために乾燥農場の重要な行為とされるべきであった。それはそうとして，土壌の温度はまったくその地域で普通一般的な温度条件に依存し，したがって，農業者はそれを制御することはできない。

　土壌に酸素を十分に供給することは発芽のために不可欠なことである。酸素は，よく知られているように，大気の5分の1を構成し，そして呼吸によって引き起こされた動物体内での変化や燃焼（combustion）の活性成分である。酸素は，大体大気中で発見されるのと同じ割合で，土壌空気中に在るべきであった。発芽は大気中で発見される以上に高い酸素割合あるいは低い酸素割合によって妨げられる。土壌は，空気が容易に上部土壌層に入るあるいはそこから去るといったような状態になければならない。すなわち，土壌はやや緩めでなければならない。種子が酸素に接近することが必要であるので，播種は湿ったあるいは鎮圧された土壌でなされるべきでなかった，あるいは播種機具が種子の周りの土壌を堅く鎮圧しすぎるようなものであるべきではなかった。十分に休閑

第14表 飽和状態の種子に含まれた水分割合
(単位:%)

	ドイツ	ユタ
ライ麦	58	—
小麦	57	52
エン麦	58	43
大麦	50	44
トウモロコシ	44	57
ピース	93	—
ビーンズ	95	88
ルーサン	78	87

した土壌は,酸素を受け入れるために理想的な条件にある。

　もし温度が適切であるならば,発芽は,種子が周りの土壌水分を勢いよく吸収することによって始まる。この吸収力はかなり強く,平方インチ当たり400～500ポンドである,そして,それは,種子が完全に飽和されるまで継続する。

このように土壌から水を吸収する強力な作物の生長力（vigor）によって,種子がどのようにして必要な水を土壌粒子を取り巻く薄い水膜から確保するかが説明される。ドイツおよびユタ州で行われた数多くの実験に基づく第14表は,吸収が完全であるとき種子に含まれた水の最大割合を示す。これらの量は種子が水に容易に近づくことができるときにのみ達せられる。

　発芽それ自体は,最大飽和に到達してはじめて,まったく自由に進行する。それ故に,もし土壌中の水分が少なければ,水の吸収は困難となり,その結果,発芽は妨げられる。このことは発芽率の低下を意味する。土壌の水分含有率が発芽に及ぼした影響はユタ州でのいくつかの実験によれば第15表の通りである。砂質土壌では粘土土壌よりもよりわずかの水分含有率でよりよい発芽が引き起こされる。土壌からの水の吸収力が種子によって異なっている一方,いまだ大多数の作物にとって発芽のための最良の土壌水分含有率は,第7章で説明したように,各種土壌から成る圃場の最大水受容力の近辺にあるようである。ボダノフ（Bogdanoff）の推定では,発芽に最適の土壌水分含有量は最大割合の吸

第15表 種々の水量が発芽率に及ぼした影響
(単位:%)

土壌の水分含有率	7.5	1.0	12.5	15	17.5	30	22.5	25
砂質壌土の小麦	0.0	98	94.0	86	82.0	82	82.0	6
粘土の小麦	30.0	48	84.0	94	84.0	82	86.0	58
砂質壌土のビーンズ	0.0	0	20.0	46	66.0	18	8.0	9
粘土のビーンズ	0.0	0	6.0	20	22.0	32	30.0	36
砂質壌土のルーサン	0.0	18	68.0	54	54.0	8	8.0	9
粘土のルーサン	8.0	8	54.0	48	50.0	32	14.9	14

湿水の約2倍である。これは前章で述べた圃場水受容力と関係がある。

　水の吸収中に，種子はかなり膨張し，多くの場合，正常な大きさの2～3倍になる。このことによって，種皮（seed-wall）が土壌粒子にぴったりくっつくという大変好都合な効果が生まれ，かくして，接触点がより多くなることによって，種子は水分をより容易に吸収することができる。種子が水を吸収しはじめると，熱も生じる。多くの場合，種子の周りの温度は，単なる水吸収過程によってセ氏1度高まる。そのために急速な発芽が促される。さらに，土壌の豊沃性は，発芽に対して直接的な影響を及ぼす。豊沃な土壌での発芽は豊沃でない土壌以上に急速かつ完全である。特に発芽を促進する際に有効となるものはチッソである。乾燥農法の継続的な耕耘や十分に管理された夏季休閑によって，土壌で多量のチッソが発現することが思い起こされるとき，すでに概述したような乾燥農法によって，発芽が著しく促進されることが理解されるであろう。種子が均一にかつ土壌粒子と密着して播かれるように播種床の土壌が物理構造上細かく，柔らかくかつ均一であるべきであるといわれる必要はめったにない。発芽に必要な条件すべては，十分に管理された夏季休閑土壌で普通一般的な条件によって十分に満たされる。

播 種 時 期

　播種時期の考察に当たり，乾燥地農業者によって解決されなければならない第1の疑問は春播きか秋播きかである。小粒穀物（small grain）には秋播き種と春播き種とがある，したがって，乾燥農場条件下でいずれの時期が播種に最適であるかを決定することはことのほか重要である。

　秋播きの利点は多くある。すでに述べたように，十分な発芽は土壌の豊沃性，特にチッソが豊富に存在することによって促進される。夏季休閑地では常に秋にチッソが豊富である，それでそのチッソは，種子の急速な発芽や，幼作物の活発な生長を刺激する準備をする。晩秋から冬季中に，少なくともチッソの一部分は失われる，したがって，豊沃性の観点からすれば，春は秋ほど発芽に好都合ではない。さらに重要なことは，好都合な条件下で秋播きの穀物は適切な根系を作り出す，そしてその根系は適温になるやいなや，また農業者が機具を

もって農作業に出かけうるずっと前に，つまり，早春に有効となり活発となる用意をする。その結果，作物は早春の水分を利用することができた，ただし，その水分は春播きの条件下では，大気中に蒸発してしまうものである。自然の降水が軽くそして土壌に貯えられた水分量が多くないところでは，早春の水分利用から得られた利益からすれば，しばしば秋播きが有利とされた。

　秋播きの欠点もまた多くある。不確実な秋雨がまず最初に考慮に入れられなければならない。通常の行為において，実際，雨後すぐに播種されなければ，秋播き種子は，次の雨が降るまで発芽しない。秋雨は量的に不確実である。多くの場合，秋雨量は極めてわずかであるので，発芽を始めるには十分ではあるけれども，十分に発芽させ，作物が適切に生育を始めるには十分ではない。このような不完全な発芽のために，無収量となることもある。たとえ秋播き作物の生育が満足のいくものであるとしても，考慮に入れられなければならない冬季枯死（winter-killing）の危険が常にある。冬季枯死の真の原因は，まだ明確に理解されてはいない，けれども，繰り返し起こる融解と凍結（thawing and freezing），また，乾燥した冬風（乾燥した冷たさあるいは長引く厳しい寒さによって伴われた）は種子や幼根系の活性を破壊する。継続するが適度な寒さであれば，通常まったく害がない。それ故に，冬季枯死のこうむりやすさは，冬季間ほとんど雪で覆われた場所でよりも冬なにもないところでより大きい。冬季枯死に極めて抵抗性があるいくつかの品種がある一方，他の品種は冬よく雪で覆われていなければならないことも心に留めるべきことである。降水の大部分が冬から春にかけてあるところはどこでも，また，冬季間しばらく雪に覆われ，夏季乾燥しているところでは，秋播きが望ましい。このような条件下では，早春に作物が土壌中の貯水を利用することが極めて重要である。降水が晩春から夏季にかけて多いところはどこでも，議論において，秋播きはあまり賛成されない，そしてこのような地域では，しばしば秋播きよりも，春播きが好ましい。それ故に，大平原地域では，春播きが通常推奨される，しかし，そこでさえ秋播きによって常により多量の収量が得られる。冬季，湿潤で，夏季，乾燥する山間諸州では，秋播きはほとんど春播きに取って代わった。事実，ファレル（Farrell）の報告によると，ネフィー（Nephi）（ユタ州）支場での6年間の平均で，春播き小麦の収量は約13ブッシェルであったのに対して，秋播き小麦

の収量は約20ブッシェルであった。冬季，湿潤で，冬季温度が作物生長のために十分に高いカリフォルニア州の気候下では，秋播きがまた一般に行われている。条件が許せばどこでも，秋播きが実行されるべきであった，というのは秋播きは最良の水分保持原理にかなっているからである。降水が主に夏季にある地域でさえ，秋播きが結局好ましいと気づかれる。

　秋播きの時期をいつにするか適切に決めることは非常にむずかしい，というのは極めて多くのことが気候条件に依存するからである。事実，播種作業は秋の降水や初秋の霜の違い (量あるいは時期の違い…訳者注) に伴って変化する。多量に降る秋雨によって，土壌がかなり湿った状態にあり，また温度が低すぎないところでは，問題は比較的単純である。合衆国の乾燥農場地域が属する緯度にある地域では，秋播きの適期は通常9月初めから10月中旬までである。もしこのような地域でその時期以前に播種されたならば，作物は生長しすぎて霜によるひどい害をこうむる，また，ファレルによって示唆されたように，秋季中の根系の大伸張によって，引き続く夏に，危険なくらい大きな葉が育ちあげられる。すなわち，作物は穀実を犠牲にして藁を生産する。もしその時期よりも遅く播種されたならば，作物は晩秋や冬の寒さに打ち勝つための十分な活力を持つことができなくなる。晩夏から初秋にかけて降雨がない地域では，秋播きの時期を明確に規定することがよりむつかしい。このような場所にいる乾燥地農業者は通常初めに降る雨が発芽と生長を開始させることを期待して適時播種する。さもなければ，播種は最初の秋雨が降るまで遅くされる。これは，しばしば結果をよくするために播種が秋遅すぎるまで遅らされがちであるので，不確かでかつ通常不満足な行為である。

　晩夏から秋にかけて乾燥する地域で，発芽が秋雨に依存することによる最大の危険は，降水がしばしば極めて少ないのに発芽を誘発し，そのために発芽が不十分になる，という事実にある。このことの意味は，種子が発芽を始めるさいに，水分を放出する，ということである。少し後でまたわずかの降雨があれば，再び，発芽が始まり，再び，中止する。数生育期間中に，このことが数回起こるならば，作物にとっては永久的な害となる。乾燥地農業者は，繰り返し起こる部分的な発芽のために一定量の種子が出芽しぞこなうと考えて，異常に多量の種子を利用することによってこの危険に対抗しようとした。多くの研究

者の実証によると，発芽し始めた種子は，乾燥させられても，活性がまったく破壊されることなく数回連続して発芽しはじめた，ということである。ノボチェック（Nowoczek）はこの課題に関して多くの実験を行い，第16表に示す結果を得た。

第16表 繰り返された乾燥が発芽率に及ぼす影響

(単位：%)

	1回目発芽	3回目発芽	5回目発芽	7回目発芽
小麦	75	57	25	1
大麦	85	74	33	4
エン麦	90	77	40	8
トウモロコシ	98	66	3	0
ピース	87	3	0	0

これらの実験によると，小麦およびその他の種子は7回続けて発芽し乾燥する。それぞれ各回の発芽とともに全体の発芽率は減少し，7回目発芽では小麦・大麦・エン麦のほんのわずかの種子だけが発芽力を有しているにすぎなくなった。しかし，このことは，実際に夏から秋にかけて雨が降らない乾燥農場地域の条件であり，ここでは秋播きが行われている。このような地域では，秋雨に依存するのではなく，良好な発芽を保証する土壌管理の方法により大きく依存するべきである。このために夏季休閑が最も好ましい行為とされたのである。もし土壌がこれまでの諸章で立てた原理に応じて管理されたならば，休閑地は，秋に雨が降らなくとも申し分ない発芽が起こるために十分な量の水分を含んでいるであろう。このような条件下で，主として考慮すべきことは，深く播種する，ということである，というのはそのことによって種子が土壌中の貯水を自由に吸収することができるようになるからである。この方法は，自然の降水に依存することができない地域での秋季発芽を確実にする。

　播種が春に行われるとき，考慮に入れるべき要因はほとんどない。温度が適度で，土壌が農業機械を適切に利用するのに十分に乾燥しているならばいつでも，通常，安全に播種を始めることができる。一般に春播きの時期に関連して普通一般的となっている慣行は，また，乾燥農場でも採用される。

播種の深さ

　種子が土壌中に播かれる深さは，乾燥農法の場合，重要なことである。種子中の貯蔵物質は初根や幼作物の生長のために利用される。大気から炭素を集めることができる葉が地上に姿を現すまでの間，土壌中に貯えられていたいかなる新しい栄養も，作物によって吸収されない。それ故に，深播きの危険は，作物が葉を地上に押し出すまえに種子の貯蔵物質を消耗してしまう，ということにある。このような場合，作物は恐らく土壌中で枯死してしまう。他方，もし種子が十分深く播かれていなければ，根は土壌深くまで伸びることができず，土壌水の貯め池と接触することができないことになる。その場合，強いかつ深い根系は生育しない，しかし，根系の発達のためには表面水に依存しなければならないが，その場合，そのことは常に乾燥農法の場合に危険な行為である。播種の深さについての規則は単純である。つまり，作物は深いほど安全である。種子が安全である深さは，土壌の性質，豊沃性，物理条件そして含水量に依存する。砂質土壌で種子は粘土土壌に比べてより深く播かれる，というのは作物が根，茎そして葉を押し出す際に緩い砂質土壌ではより隙間のない粘土土壌ほど多くのエネルギーを必要としないからである。乾燥土壌では，湿潤土壌よりも深く播種される。同様に，深播きは堅く隙間のない土壌より緩い土壌でより安全であるからである。最後に，湿潤な土壌が地表下かなり深いところにあるところでは，湿潤な土壌が地表面近くにあるときよりも深播きが実行される。播種の深さについては無数の実験が行われた。若干の場合に，8インチの深さに播かれた通常の農作物種子は出芽し，そして満足のいく作物を生産した。しかし，同意が得られる意見は，1〜3インチの深さが湿潤地域で最良であるが，あらゆることを考慮に入れると，4インチの深さが乾燥農場条件下で最良の深さである，ということである。乾燥農法が実行される少降水下で，深播きは常に安全である，というのはこのような実行によって，乾燥農法が成功するための1つの大きなステップとなる根系が発達させられ，強化されるからである。

播 種 量

　乾燥農場での数多くの失敗の原因は，まったく播種量の無視にある。その他のどんな行為でも，湿潤諸国の慣習は乾燥地農業者によって厳格に従われなかった，そしてその結果はほとんど常に失敗であった。本書での議論が明らかにした事実は，性質はどうであれあらゆる作物は生長のために多量の水を必要とする，ということである。生長の初日から成熟日にいたるまで，多量の水が土壌から作物に吸収され，そして葉を通して大気中へ蒸発した。湿潤諸国で利用されていた多量の種子が乾燥地で播かれたとき，結果はふつう生育期間早期の優れた生育であり，作物は初夏まですばらしい外観を呈していた。しかし，生育旺盛な春作物は，土壌含水量を著しく減らすので，暑い夏の到来とともに，最終的な生長や成熟を支えるのに十分な水が土壌中に残されてはいなかった。初春の活発な生育は，乾燥地農業者にとって申し分ない収穫をなんら保証するものではない。反対に，夏に最良に生長しそして収穫時に最も多くの収量をあげるのは，通常，春にあまり生育していない圃場である。播種量は土壌条件に応じて変えるべきであった。土壌が豊沃であればあるほど，ますます多量の種子が利用される。土壌中の水分が多ければ多いほど，ますます多量の種子が播かれる。豊沃性あるいは水の減少につれて，播種量は同じく減らされるべきであった。乾燥農場条件下で豊沃性は十分である，しかし，水分は少ない。それ故に，一般原理として薄播きが，乾燥農場で実行されるべきであった，けれども，その薄播きは，地面を十分に覆う作物を生育させるには十分であるべきであった。もし播種が秋か春いずれかの早期に行われるのであれば，播種量は，遅く播かれたとき利用される種子量より少なくてすむ，なぜならば早期播種が根の発達をより一層促し，その結果，通常，遅播きのときのより小さくより弱々しい作物以上により多くの水分を消費するけれども，より生き生きした作物が生育することになるからである。もし冬が温和でかつ雪によく覆われているならば，その場合，冬が厳しいあるいはなんの覆いもないためにある量の冬季枯死が起こる地域ほど多量の種子が利用されることはない。休閑土壌の条件の良い播種床では，土壌が注意深く耕耘されず，ややラフで塊が多く十分な発芽のために

不都合であるところほど多量の種子が利用されることはない。どの作物の収量も，発芽の一助となる要因すべてが同様でなければ，播種量に正比例することはない。小麦およびその他の穀物の場合に，薄播きはよりよい分げつ (stooling) のチャンスを作物に与える，そしてそれは普通一般的な水分や豊沃性条件に作物を適合させる自然のなせるわざ（nature's method）である。作物が密集しているならば，分げつはほとんど起こらない，そのために，作物は自らを周りの条件に適合させようとしてもどうすることもできなくされる。

一般に定められた規則は，湿潤地域で利用される播種量の半分強の種子が年雨量約15インチの乾燥農場地域で利用されるべきであった，ということである。すなわち，湿潤諸国で慣行的に利用されたエーカー当たり5ペック（1ペック＝0.57リットル）の小麦に対して，乾燥農場では約3ペックあるいはわずか2ペックが利用されるべきであった。メリルは各作物の播種量を以下のように推奨する。すなわち，エーカー当たりエン麦で約3ペック，大麦で約3ペック，ライ麦で2ペック，アルファルファーで6ポンド，トウモロコシで盛り土（heel）当たり2粒，そしてその他の作物も同じ比率で播種される。十分な発芽のためにはどんな一定の規則も定められない。通常は少量の種子で十分である。しかし，発芽がしばしば部分的に不十分となるところでは，より多量の種子が利用されなければならない。もし作物が生育期間の初めに繁茂しすぎるならば，ハローで間引きされなければならない。もちろん，利用されるべき種子量は，重量と同様に粒数に基礎を置くべきであった。例えば，個々の小麦粒の大きさが大きくなればなるほどますます1ブッシェル当たりの粒数は少なくなるので，1ブッシェルの小さな種子小麦よりも1ブッシェルの大きな種子小麦からより少数の作物が生育されることになる。播種量を決定するさいの種子の大きさは，しばしば重要であるので，必要な種子数を数えるために小さな壺を一杯にするといった，簡単な方法で決定されるべきであった。

播種の方法

実際，今日でさえ撒播し，そしてこの播き方の優秀性を強調する農業者が乾燥農場地域にいなければ，播種の方法を議論する必要などはなかった。撒播は，

科学的農業，少なくとも乾燥農法のどこにも存在することはできない，というのはそこでは成功はすべての条件が制御される度合いに依存しているからである。すべての優れた乾燥農場では，種子は，できれば市場で見いだされた数種の条播機中の1つによって，条播されるべきであった。条播機の利益はまったく明白である。それは種子を均等に配分する，そして，このことは雨量が限定されている土壌で成功するためには不可欠なことである。種子は，適切な発芽のためにすでに土壌中に貯えられていた水分に依存するところで，特に秋播きの場合に著しく必要となる均一な深さに播かれるべきである。乾燥農場条件下でしばしば必要となる深播きは条播機を不可欠とする。さらに，ハント (Hunt) によると，畦間 (drill furrows) それ自体に明白な利益があるとする。冬季中，畦間は雪をうけ，かくして，この雪による保護のために，種子は繰り返して起こる凍結や融解によって浮き上がることはない。畦間はまたある程度風の乾燥作用からの保護となる，そしてその点では畦間は狭いが，幼作物が十分に冬を乗り切る際に大いに役に立つ。秋と春に降る雨は畦間に蓄積され，そして容易に作物に吸収された。さらに，条播機の多くにはアタッチメントが付いており，そしてそれによって，種子の周りにある土壌が鎮圧され，その後，表土は蒸発防止のために撹拌される。このことによって，急速かつ十分な発芽が起こる。条播機は，その利益は200年前にジェスロ・タルによって教えられていたが，近代農業の最も価値ある機具の1つである。乾燥農場でそれは不可欠な機具である。乾燥地農業者は市場で条播機を注意深く研究し，そして乾燥農法が成功するための諸原理に応じるように選択すべきであった。条播栽培は，もしどこでも同様な成功が望まれるならば，認可される唯一の播種法である。

作物の管理

　土壌水分を保持するための特別な管理を除いて，乾燥農場作物は，湿潤条件下で生育する作物に対して通常行われていた管理を受けるべきであった。しばしば秋に降るわずかな雨はときどき土壌表面に堅い外皮 (crust) を形成する，そして，その外皮は秋播き作物の適切な発芽や生長の妨げとなる。それ故に，農業者が秋にディスクないしできれば波型ローラー (corrugated roller) で土

地を管理しなければならない。しかし，通常，秋播き後，続く春までさらに管理する必要はない。春の管理は相当に重要である，というのは春から初夏にかけて暖かくなり始めると，多様な乾燥農場土壌で堅い外皮が形成されるからである。特に，このことは，土壌が明らかに乾燥しており，有機物に富んでいないところで，真実である。このような堅い外皮は，幼作物に自由に生長するチャンスを与えるために早期に壊されるべきであった。このことは，上述の通り，ディスク，波形ローラー，あるいは通常のスムースィング・ハローの利用によって成し遂げられる。

　幼穀物が生育途上にあるとき，密植すぎることが発見される。もしそうであるならば，作物は一部の作物を引き抜くように据え付けられた歯のついた鉄製歯付ハロー（iron tooth harrow）で圃場を細破することによって間引きされる。この間引きによって，残された作物は土壌中にある制限量の水分で成熟する。逆に，もし作物が春にまばらすぎるようであるならば，ハローイングもまた有効である。このような場合には，歯は後ろで斜めにつけられる，それで作物を害することなくただ単に土壌を撹拌するために行われたハローイングは，土壌中の貯水を保持し，そしてチッソの形成を加速化する。保持された水分および付加された豊沃性によって，作物の生長は強められ，水要求は減らされ，かくして，より多くの収量が得られる。鉄製歯付ハローは，作物が幼いとき，乾燥農場で極めて有効な機具である。作物が，ハローが利用できないほど高く伸びた後，実際，もちろん前章で説明したように，継続的な耕耘を受けるべきであったトウモロコシあるいはポテトといった耨耕作物でないとするならば，いかなる特別な管理もそれらに与えられない。

収　　穫

　乾燥農場で作物を収穫する方法は，実際，湿潤地域の農場で行われる方法と同様である。1つの大きな例外は，乾燥農場地域の穀物農場で利用されている穂刈機（header）である。いま穂刈機はほとんど一般的に利用されている。旧方法でのように，穀物を刈り取り，結束する代わりに，穂は単純に切り取られ，大きく山積みされ，その後，脱穀される。残った背丈の高い刈り株は秋に犂き

込まれ,そして土壌に有機物を供給するのに役立つ。肥料を追加せずに,1世紀以上にもわたって乾燥農場を維持することは穂刈機の後に残る著しく養分に富む藁の腐敗を通して土壌に追加された有機物によって可能となった。事実,穂刈機刈り株（header-stubble）の腐敗と関連して土壌中で生じた変化によって,実際,有効な豊沃性が高まった。過去10〜12年におけるユタ州の数百の乾燥小麦農場は疑いなく穂収穫方式によって豊沃性,あるいは少なくとも生産力を高めた。この収穫方式は休閑耕をもより効果的とする,なぜならばそれは休閑期間中に汲み上げられた有機物を維持するのに役立つからである。穂刈機は実行できるところはどこでも利用されるべきであった。犂き込まれた背丈の高い穂刈機藁（header-straw）によって適切な播種を困難にするほど土壌が緩くされ,そしてまた,土壌上部での大気の自在な流通の結果,土壌水分が著しく失われるという恐れが表明された。だが,この恐れは根拠がない,というのは穂刈機藁が犂き込まれたところはどこでも,特に休閑耕と関連して,土壌は利益を与えられたからである。

　迅速な収穫や経済的な収穫は乾燥農法の重要要因であり,そのために,その作業を便利にするためにたえず新しい装置が提案されている。近年,収穫脱穀機（combined harvester and thresher）が一般に利用されるに至った。それは通常の脱穀機と結合した大型の穂刈機である。穀物は1操作で穂刈りされ,脱穀される,そして袋が機械の通り道に沿って落とされる。残った藁はその圃場にばらまかれる。

　概して,播種,作物の管理,収穫に関する疑問に対しては,乾燥農法を決定づける条件である雨量の不足を相殺することができる新しい方法を要請することを除けば,雨の多い諸国で著しく発達した方法が答えを出すことになる。

第12章　乾燥農場向き作物

適切な作物の重要性

　乾燥地農業者の仕事は，土壌が深犂耕，耕耘そして休閑耕によって，作物の播種のために適切に準備されたとき，半分なされただけにすぎない。作物の選択，その適切な播種そしてその適切な管理や収穫は，乾燥農法が成功するために必要な合理的な土壌管理と同様に重要なことである。一般に，通常，湿潤地域で栽培された作物が乾燥地域でも育てられることは本当である，しかし，もし確実な収穫が望まれるならば，乾燥農場に普通一般的な条件に特に適合した品種が利用されなければならない。作物には環境に対する驚くべき適応力がある，そしてこの力は，作物が数世紀にわたって一定の条件下で育てられるにつれて，強くなる。かくして，長期にわたる豊富な雨および特有の湿潤気候や土壌がある国で育てられた作物は，このような条件下で十分に生長する，しかし，もし土壌が深く，暑い，雨の降らない諸国で播かれたならば，通常，苦しみ枯死してしまう，あるいはせいぜいわずかしか生長しない。だが，このような作物は，乾燥条件下で毎年育てられたならば，暖かさや乾燥に慣れ，やがて恐らくほとんど同様に生長する，あるいは新しい環境の中でよりよく生長するようになる。多収を期待する乾燥地農業者は，数世代の育種を通して彼の農場で普通一般的である条件に適応させた作物品種を確定するためにあらゆる注意を払わなければならない。それ故に，自家製種子は，もし適切に育てられるならば，最高の価値がある。事実，乾燥農法が最も長く実行されていた地域で，最も収量の優れた品種は，ほとんど例外なく，同じ土地で長年継続して育てられてきた品種である。現在の乾燥農法地域で収益的な作物を生産しようとする試みがかなり新しいこと，その結果として自家製種子が不足していることによって，賢明にも，同様な気候条件にもかかわらず，長く定住されていたその他の地域

で乾燥農法にふさわしい作物品種が探されることになった。合衆国農務省はこの方面で多くの優れた仕事をした。科学的方法による新品種の育種もまた，長年にわたり，実際，価値のある結果が期待されないこともあるけれども，重要なことである。育種実験の成果が得られるならば，それらは恐らく乾燥地農業者にとって最大の価値があるものである。その間に，知られなければならないことは，現在，乾燥農場向き作物についての我々の知識が極めて制限されたものにすぎない，ということである。恐らく，毎年，リストに新しく追加がなされ，そしていまや作物や品種の大改良が推奨される。それ故に，進歩的な乾燥地農業者は，最良の品種を利用するために，州や国の研究者と密接に接触を続けるべきであった。

　さらに，乾燥農法地域内にある種々の地域が少量の雨を受け取ることでは同様である一方で，それらは土壌，風，平均温度そして冬の性質や厳しさといった，作物生長に影響を及ぼすその他の条件の点では大きく異なっている。したがって，これら種々の地域すべてで試行されるまで，どんな作物もあるいは作物品種をも無条件に推奨することはできない。現在，我々が言いうることは，乾燥農場のために最少量の水で最大量の乾物を生産する作物が必要となり，また，それらの生育期間ができるだけ短期間でなければならない，ということである。しかし，作物選択の際に，乾燥地農業者の指針となる一般ルールを確立するために多くのことがなされた。疑いなく，我々はいまだ他の諸国と同様に合衆国で乾燥農法地域における膨大な作物生産の可能性をちらっとみたにすぎなかった。

小　麦

　小麦は優れた乾燥農場向き作物である。あらゆる展望において小麦が優位性を保持することが示唆される。小麦は最も一般的に利用された穀類であるのみならず，世界の小麦生産はますます乾燥農法地域に依存することが急速に知られつつある。乾燥・半乾燥地域でいまや一般に受け入れられつつある原理とは，費用のかかる灌漑地では果実，野菜，サトウキビなどの集約作物が栽培されるべきであり，他方，小麦，トウモロコシなどの穀物や多くの飼料は粗放作物と

して非灌漑あるいは乾燥農場農地で栽培されるべきであった，ということである。期待されるべきことは，もし気候条件が粗放作物の栽培を許すならば，穀物が灌漑土壌でまれに栽培されているのを見る時期が近い，ということである。

半乾燥地域での小麦の現在および将来の重要性を考慮すると，種々様々の乾燥農場条件に最もよく適合する品種を確保することは極めて重要なことである。このために多くのことがなされたが，さらにより多くのことがなされなければならない。最良の小麦についての我々の知識はまだ断片的でしかない。このことはその他の乾燥農場向き作物についてもより一層言える。ヤーディンによると，現在，合衆国で栽培されている乾燥農場向き小麦は，次の通り分類される。

1．硬質春小麦（hard spring wheat）
 (a)コモン（common），(b)ドラム（durum）
2．冬小麦（winter wheat）
 (a)硬質小麦（hard wheat［クリミアン：crimean］），(b)準硬質小麦（semihard wheats［山間地：intermountain］），(c)軟質小麦（soft wheat［太平洋：pacific］）

硬質春小麦に属するコモン種は，主として冬小麦がいまだ好結果を収めていなかった地域で栽培される。すなわち，これはノース・サウス・ダコタ州，ネブラスカ州北西部およびその他の冬が長くそして融解と凍結を繰り返す地域で栽培されている。冬小麦の優れた価値は極めて明白に確証されたので，普通一般的な気候条件に耐えることができる冬小麦があらゆる地域で育てられた。春小麦も乾燥農場地域全体の各所でそして小面積で栽培されている。コモン硬質春小麦の最も重要な2品種は Blue Stem と Red Fife であり，双方とも優れた製粉質をもつ十分に確定された品種であり，合衆国の乾燥農場地域北東部で大規模に栽培され，そして世界市場で最良の価格で売られている。Red Fife はロシアに起源したことは注目すべきである，なぜならば，ロシアは我々に多くのすばらしい乾燥農場向き作物を提供したからである。

ドラム小麦あるいは，しばしば呼ばれるように，マカロニ小麦も春小麦である，そしてこれらの小麦は極度の乾燥農場条件下での優れた収量のためにその他すべての春品種に代替する見込みがある。これらの小麦は，1世代以上にわたりロシア，アルジェリアおよびチリからのしばしばの出荷によって知られて

いたが，合衆国農務省のカーレトン（Carleton）による調査と熱狂的な支持を通して，やっと1900年に合衆国の農業者に紹介された。その時以来，それらはほとんどすべての乾燥農場諸州で，とりわけ大平原地域で栽培されてきた。試みられたところはどこでも，それらは，いくつかの場合に，旧来確定の冬品種と同じくらいに，良収量であった。これらの小麦の極度の硬質性のために，軟質小麦を粉にするために適した製粉機を操作する製粉業者は製粉用にそれらを使用することができなかった。しかし，こうした偏見は徐々に消失した，そして，今日，ドラム小麦は特により柔らかな小麦とのブレンド用に，また，マカロニ製造用に大きく需要される。最近，農業者間でドラム小麦の人気は高まった，なぜならば，それらが強いサビ病抵抗性（rust resistant）を有するものであると発見されたからである。

　冬小麦は，これまでの諸章で繰り返し示唆したように，栽培されうるところはどこでも，そして特に冬から春にかけてかなりの降水がある地域で，乾燥農場に最適である。硬質冬小麦は主にクリミアン・グループによって代表される，そしてその主要品種はターキー（Turkey），カーコー（Kharkow）およびクリミアン（Crimean）である。これらの麦もロシアに起源をもち，そして1世代前にメンノー派教徒植民者（Mennonitecolonists；16世紀に創始されたキリスト教新教の1つの派…訳者注）によって合衆国に持ち込まれたといわれる。現在，これらの小麦は，山間地方に急速に広まっているが，主に大平原の中部・南部そしてカナダで栽培されている。これらはグルテンを多く含む優れた製粉用小麦であり，乾燥農場条件下で広く生産されている。これらの小麦がまもなく以前乾燥農場で栽培されていた旧来の冬小麦に代替することは，まったく明らかである。ターキー小麦は優れた乾燥農場向き小麦になると見込まれている。

　準軟質冬小麦（semisoft winter wheat）は主に山間地方で栽培されている。それらには多数の品種があり，そしてそれらすべては柔らかく澱粉質である。これは一部には気候，土壌および灌漑条件に負うている，しかし，主に利用品種に固有の質の結果である。それらは硬質品種によって急速に代替されつつある。

　軟質冬小麦のグループにはカリフォルニア州，オレゴン州，ワシントン州およびアイダホ州北部の有名な小麦地域で広範囲に栽培された多数の品種が含ま

れている。主要品種はワシントン州やアイダホ州では Red Russian と Palouse Blue stem であり、オレゴン州では Red Chaff と Foise であり、カリフォルニア州では Defiance, Little Club, Sonora そして White Australian である。これらはすべて軟質で、白色であり、グルテンはむしろ少ない。一定の気候、土壌そして栽培条件下で、すべての小麦品種が問題の諸条件に特有のある型に近づき、そして、カリフォルニア州型小麦が普通一般的な変えることのできない諸条件の結果であることが信じられる。しかし、種々の乾燥農場地域に特有の小麦型の形成に関して明白な原理を定立する前に、さらに多くの研究が必要となる。どんな条件下でも、常に改良がもくろまれるので、種子の交替は利益となる。

　ヤーディンが合衆国の乾燥地農業者に気づかせたことは、乾燥農場での小麦生産がどんな土地でも十分に可能となる前に、大市場に影響を及ぼすために、わずかの品種で十分な量が生産されなければならない、ということである。このことは、なんの一様性も存在しない山間地方で特に重要である、しかし、太平洋沿岸および大平原小麦地域によっても警告が与えられるべきであった。最良品種が発見されるやいなや、いま栽培されているわずかばかりの小麦品種に置き換わるべきであった。個々の農業者は、もし努力の最大の報酬を刈り取りたいとしても、果実生産ほど小麦生産では自分の思い通りにすることはできない。品種としての同一性そして大量生産によってのみ、どの地域も自らを市場に印象づけ、その結果、需要を創り出すことになる。合衆国の乾燥地農業者による現在進行中の変化は、この教訓が深く心に刻まれたことを現している。原理は乾燥農法が実行される国すべてで等しく重要である。

その他の小粒穀物

　次の乾燥農場向き作物は疑いなくエン麦である。年平均雨量が15インチ未満である土地で十分に生育するいくつかの品種が発見された。乾燥農場向きエン麦に特別な注目が与えられるならば、他のものが疑いなく発見されるあるいは発達する。エン麦には春品種と冬品種とがある、しかし、冬品種だけが乾燥農場向き作物のリストの中に見いだされるだけである。エン麦の優れた春品種と

してはSixty-Day, Kherson, BurtおよびSwedish Selectがある。主にユタ州で栽培されている冬品種はBoswellであり、黒色品種である、そしてこれは1901年ごろにはじめてイングランドから持ち込まれたものである。

　大麦は、その他の一般穀物と同様に、乾燥農場で十分に生育する品種である。小麦と比較して、乾燥農場向き大麦についての調査はほとんど行われなかった、したがって、もちろんのことながら、検証された品種のリストは極めて少ない。小麦やエン麦のように、大麦にも春品種と冬品種とがある、しかし、エン麦の場合のように、ただ冬品種だけが乾燥農場向き作物としての認可リストに登録されただけである。乾燥農場に対する最良の春大麦は、より一般的な品種も十分に生育するけれども、芒のない、殻のない (hull-less) 型に属する品種、とりわけ6条無芒大麦 (six-rowed beardless barley) である。冬品種はテネシー・ウィンター (Tennessee Winter) であり、そして、それは大平原地域ですでに十分に広まっている。

　ライ麦は最も確実な乾燥農場向き作物の1つである。それは十分な量の藁と穀実とを生産する、そしてその両者ともに重要な家畜飼料である。事実、最も厳しい乾燥農場条件下で生き残り、旺盛に生育するライ麦の強い生命力、それ自体が大きく異議を唱えられる。ひとたび生育し始めると、除去することは難しくなるからである。適切に栽培され、そして家畜飼料か緑肥かいずれかとして利用されるならば、ライ麦は極めて価値がある。ライ麦には春品種と冬品種とがある。冬品種は、通常、最も満足のいくものである。

　カールトンは半乾燥条件に特に適した作物としてエンマー (Emmer) を推奨した。エンマーは一種の小麦であり、その種子には籾がらが密にくっつきあっている。それは家畜飼料として高く評価されている。ロシアやドイツで、それは極めて大規模に栽培されている。それは乾燥・半乾燥条件に特にふさわしい、しかし、恐らく、冬季、乾燥し、夏季、湿潤であるところで、最良に繁茂する。それにも春品種と冬品種とがある。その他の小粒穀物と同じく、エンマーの成功も冬品種が満足のいくほど発展するかどうかに大きく依存する。

トウモロコシ

　乾燥農場で試作された作物の中で，恐らく，トウモロコシは極度な乾燥条件下でどこでも同様に成功した作物であった。もし土壌管理や播種が適切に行われていたならば，報告された失敗の原因はひとえに新しい風土に順応できなかった種子を利用したことにある。アメリカ・インディアンはトウモロコシを栽培する，なぜならばそれは乾燥農場に最もふさわしい作物であるからである。西部の農業者の多くは同様に最少の水分を利用する系統を作り出した，そして，さらに，湿潤地域から持ち込まれたトウモロコシは，わずか数年にして乾燥条件に自ら適応する。エスコーバー（Escobar）の報告によると，メキシコで栽培されていた土着のトウモロコシは，短い茎と小さな穂をもち，砂漠条件によく耐える，ということである。極度に乾燥した年に，トウモロコシは必ずしも収益的な収量を生産するとはかぎらない，しかし作物は，飼料目的として全体的に見るならば，費用を支払いそしてその後に利潤を残さないことはめったにない。より湿潤な年であれば，トウモロコシの収量はそれ相応に増加する。乾燥農法地域はいまだ乾燥農場向き作物としてトウモロコシの価値を明確に理解していない。しかし，トウモロコシに関する既知の事実から確かに予想できることは，乾燥農場でトウモロコシの作付面積が急速に増加し，やがて卓越しているために小麦に迫る，ということである。

ソルガム（Sorghums）

　乾燥農場向き作物の中でソルガムは一般に知られてはいないが，乾燥条件下で優れた生産者になると見込まれている。ソルガムは熱帯地域原産であったと推定される，しかし，それらはいま地球上のあらゆる気候のもとに散在している。ソルガムは合衆国で半世紀以上にわたって知られていた，しかし，ソルガムの旱魃抵抗力が思い出されたのは，乾燥農法が著しく発展し始めたときであった。バル（Ball）によると，ソルガムは次の通り分類される。

ソルガム

1. Broom corns, 2. Sorgas あるいは sweet sorghums, 3. Kafirs, 4. Durras.

　Broom corns は柴（brush）を目的にしてだけ栽培される，それで，乾燥農法では考慮に入れられない。Sorgas は飼料やシロップ用に栽培され，そして，トウモロコシ以上に乾燥農場条件に耐えるといわれるが，特に灌漑ないし湿潤条件にふさわしい。Kafirs は乾燥農場向き作物であり，穀実や飼料用に栽培される。このグループには Red Kafir, White Kafir, Black-hulled White Kafir および White Milo があり，これらすべては乾燥農法にとって重要な品種である。Durras はもっぱら種子用に栽培されており，そしてそれには Jersalem corn, Brown Durra および Milo がある。バルの仕事は Milo を最も重要な乾燥農場向き作物の1つにしたことである。改良されると，作物の背丈は4～4.5フィートの高さとなり，穂はたいていまっすぐで，多量の種子が生産される。Milo はすでにテキサス州，オクラホマ州，カンサス州，ニューメキシコ州で主要作物となっている。さらに，それはノース・サウス・ダコタ州，ネブラスカ州，コロラド州，アリゾナ州，ユタ州およびアイダホ州の諸条件にふさわしいと証明された。それは，高度が高すぎることも，平均温度が低すぎることもない乾燥農場地域全域で，恐らくある変形（some varietal form）ではあるが，重要であると発見される。それはエーカー当たり平均40ブッシェルの種子を生産した。

ルーサン，別名アルファルファー

　人間の知性や勤勉についで，アルファルファーは恐らく西部灌漑地域の発達の主要因であった。それは合理的農業方式を可能にした，その場合，その方式とは畜産部門と土壌豊沃性の維持とを主として考慮に入れるものであった。アルファルファーはいま灌漑地域のみならず湿潤地域でも望ましい作物として認められており，それで，まもなく合衆国の主要乾草作物となるであろう。起源的に，ルーサンは暑い乾燥したアジア諸国産であり，そしてそこでは，最初に

歴史に登場した人々の家畜に飼料として供給されていた。さらに，時に40～50フィート地中に侵入する長い直根は，ルーサンが土壌中深く貯えられていた土壌水分を容易に利用することを連想させる。これらを考慮すると，ひとり，ルーサンは乾燥農法に十分にふさわしい作物であることを自ら証明した。事実，好都合な条件下で，ルーサンは雨量12～15インチ下で収益的な収量をあげることが証明された。アルファルファーは石灰に富む壌土土壌を好む。砂質および重粘土壌はアルファルファーの十分な生産のためにはそれほどふさわしくない。乾燥農場条件下では，厚播きしないよう最大の注意が払われなければならない。乾燥農場での大多数の失敗の原因は厚播きされた作物に対する水供給の不十分さにあった。アルファルファー圃場は播種後2年にして初めて成熟する，しかし，2年目にちょうど適切とみえる作物は，恐らく3～4年目には密植すぎる。エーカー当たり4～6ポンドの種子で通常は十分である。失敗のその他の主原因は，事実，アルファルファー圃場が小麦圃場と同様に注意深い土壌管理を受けるべきであったにもかかわらず，ルーサン圃場がわずかしかあるいはほとんど耕耘を必要としない，という一般的な考えである。春ないし秋，あるいは両時期に行われた深い，徹底したディスキングは有益である，というのはディスキングによって，表土は蒸発を防ぎ，通気をよくするような状態にされるからである。アジアや北米諸国で，ルーサンは暑い期間中に条で栽培されることが多い。これはブランド（Brand）によってこの国で極めてすばらしい結果を収めた。作物が常に条播機で播種されるべきであったので，耕耘機具が利用される条の間隔を決めることは比較的容易なことである。もし薄播きや徹底した土壌攪拌が行われるならば，ルーサンは通常申し分なく生長し，そしてこのような管理に伴い，偉大な乾燥農場向き作物の1つとなるべきであった。乾草収量は多くはないが，利潤差益（margin of profit）を十分に残す。多数の農業者は種子用に乾燥農場でルーサンを栽培することがより有利であることに気づく。豊作年には50～150ドルが1エーカーのルーサン種子から得られる。しかし，現在，ルーサン種子を生産する諸原理は十分に確定したものになっていない，したがって，種子生産量は不確実である。

　アルファルファーはマメ科作物であり，それで大気中からチッソを集める。それ故に，それはすばらしい肥料となる。土壌豊沃性問題は年月の経過ととも

により重要となる，したがって，土地改良者としてのルーサンの価値はそのとき今日以上に明らかになる。

　補注：本項においてルーサンとアルファルファーとがごちゃまぜに使用されているが，両者はおなじものであるので，邦訳としてはいずれかに統一すべきかと考えるが，あえて原文通りに訳した (訳者注)。

その他のマメ科作物

　マメ科ないしさやを生じる作物（pod-bearing crops）のグループは極めて重要である。第1にそれは重要な動物栄養となるチッソ物質に富み，第2にそれには土壌豊沃性を維持するために利用されるチッソを大気中から集める力があるからである。

　乾燥農法は，適切なマメ科作物が発見されそして作付方式の一部にされてはじめて，まったく確実な農作業慣行になる。注目に値することは，この国やその他諸国にある乾燥農場地域全体で，野生のマメ科作物が繁茂している，ということである。すなわち，チッソ収集作物は砂漠で生育している。農業者は，収益的な生産が行われているかぎり長期にわたって小麦だけを連作することによってものごとの自然的な秩序をひっくり返す。乾燥農場地域に固有のマメ科作物はいまだ広範囲に及ぶ経済的研究を受けていなかった，そのために，真に乾燥農法にふさわしいマメ科作物に関してほとんどなにも知られてはいない。

　カリフォルニア州，コロラド州そしてその他の乾燥農場諸州で，圃場向きピース（field pea）が極めて有利に栽培されていた。実際，それは小麦生産よりもはるかに利益になると気づかれた。圃場向きビーン（field bean）は，同様に，乾燥農場条件下で，つまり，種々の気候条件下で首尾よく栽培されていた。メキシコおよびその他の南部諸気候下で，土着人は乾燥地で多量のビーンズを生産している。シャウ（Shaw）の示唆によると，ヨーロッパ農業への貢献ということで長らく有名であったセンフォインが収益的な乾燥農場向き作物であると気づかれ，そして，サンド・ヴェッチ（sand vetch）が優れた乾燥農場向き作物となると見込まれる，ということである。しかし，まったく同様に，雨の多い条件下で見いだされたマメ科作物の多くは乾燥農場地域では価値がない。

毎年，この課題に対して新しいかつより完全な情報が与えられる。マメ科作物は乾燥農場向き作物と関連して確実に重要な構成作物となる。

樹木と灌木

　今までは，樹木は乾燥農場向き作物であるとはいわれえない，けれども，適切な乾燥農場諸原理の適用によって，樹木が乾燥農場地域で生育し，利益をあげうることを示す事実が記録されている。もちろん，種々の土着樹木が，雨が極めて少なく，なんら土壌管理も行われなかった砂漠地で，生長するとしばしば発見されるという事実はよく知られている。このような作物の例としては，グレート・ベースン地域で見いだされたヒマラヤ杉（cedars：旧世界のマツ科ヒマラヤスギ属cedrusの総称…訳者注）やアリゾナ州や南西部に見られるマメ科の低木（mesquite）がある。乾燥地域の農業者は灌漑の助力があってはじめて樹木栽培を企画した。

　ユタ州で知られている少なくとも1つの桃園は，約15インチの雨量下で無灌漑で栽培し，恒常的に少量だが最もおいしい果実を生産している。パーソンズ（Parsons）の報告によると，彼のコロラド州の乾燥農場果樹園は，約14インチの雨量下でサクランボ，プラム，リンゴを大変有利に栽培している，ということである。数多くの繁栄する若い果樹園が大平原地域で無灌漑で育っている。数年前に，メーソン（Mason）は，約14年前にアリゾナ州とコロラド州砂漠に植えられた2つのオリーブ園がそれぞれ年雨量8.5インチ，4.5インチ下で繁茂したことを見いだした。これらオリーブ園は運河建設に伴い始められた，が，後に失敗した。このように証言された事実から，樹木が乾燥農場向き作物として存在することができるという考えが導かれる。この期待が強められるのは，少雨地域で生活していた古代の偉大な諸国民が，多くの価値ある樹木を有利にしかも無灌漑で栽培し，この場合，そのいくつかがいまだこれらの諸国で栽培されているということが思い起こされるときである。例えば，オリーブ産業はいまでも，年平均降雨が10インチ以下であるアジア・アフリカ地域で近代的な方法によって申し分なく発達している。1881年以来，フランスの管理下で，チュニスあたりの乾燥農場でオリーブの木は4万5,000から40万本へと増加した。

メーソンやアロンゾーン（Aaronsohn）も旧世界の乾燥部分で繁茂する樹木として指摘するものは，いわゆるナツメ（Chinese date；旧大陸の暑い乾燥地域に生える…訳者注）あるいはJujube tree（ナツメ属の木の総称…訳者注），シカモアイチジク（sycamore fig）およびイナゴマメ（Carob tree；地中海原産の豆類…訳者注）であり，これらは幼年期に極めて大切なSt.John's Bread（イナゴマメの実…訳者注）を生産する。この最後の木についてアロンゾーンは雨量12インチ下でエーカー当たり20本の樹木が8,000ポンドの果実を生産し，そしてそれには40％の糖分，7～8％の蛋白質が含まれていると述べる。これはアルファルファーの最良の収穫量以上である。北部アフリカの乾燥地でのオリーブ栽培について特別な研究をしたケアンリー（Kearnley）は，乾燥・半乾燥条件下で繁茂し，そして，穀物以上に多くの利潤を生じることもある多種類の果樹が見いだされる，と確信して述べる。

　遮蔽になる，また，飾りになる，そしてその他多くの有効な作物が乾燥農場で栽培されるとも言われる。例えばlocust（種々のマメ科の木の総称；イナゴマメcarobサイカチ属の木…訳者注），ニレ（elm），北米産クルミノキの一種（black walnut），silver poplar，キササゲ（catalpa；米国およびアジア産のノウゼンカズラ科キササゲ属の総称…訳者注），live oak（北米南部産の常緑のカシの一種…訳者注），black oak（樹皮の黒い数種のカシの総称…訳者注），yellow pine（黄色い強い材のとれる北米産マツ数種の総称…訳者注），トウヒ属の木（red spruce；樹皮・球果が赤色，材は軽くて柔らかく，製紙用パルプや箱の製造等に用いる；北米東部産…訳者注），ベイマツ（Douglas fir；北米西部産マツ科ドカサクラ属の常緑高木：高さ60m以上に達し，良質の木材となる…訳者注），ヒマラヤ杉のようなものがある。

　乾燥農場で生長する樹木の成功の秘訣は，第1にエーカー当たり数本の樹木を植えること―林木間の間隔は通常の倍であるべきであった―そして第2に，確定された土壌耕耘の諸原理を精力的にかつ間断なく適用することにあるようである。土壌中深くまで，水分を貯え，適切に耕耘された土壌であるならば，たいていの作物は生育する。もし土壌が植付け前に注意深く休閑されていなければ，最初の2生育期間中，幼木に少しだけ給水しなければならない。

　多くの農場で試作された小果実（small fruits）は大成功であった。プラム（plums），カラント（currants）そしてグースベリー（gooseberries），これらす

べての結果は良好であった。ブドウは多くの乾燥農場地域で，特にグレート・ベースンの暖かい丘陵に沿って栽培され，十分な収量を上げる。

　乾燥農場地域で生長する樹木はいまだ十分に定着していない，それ故に，極めて注意深く面倒を見られるべきであった。気候的環境に慣れていた品種が選択されるべきであった，そしてこれまでの諸項目で概述されてきた原理が注意深く利用されるべきであった。

ポ　テ　ト

　近年，ポテトは最良の乾燥農場向き作物の１つとなってきた。12インチ強の雨量下で試作されたところはほとんどどこでも，ポテトの収量はかなり多かった。今日，乾燥農場でのポテトの栽培は重要な部門になりつつある。粗な植付けや徹底した耕耘の原理は，成功のためには不可欠となる。ポテトは，夏季休閑耕が好ましくないと考えられるところでは，輪作作物としての利用に十分向いている。マクドナルド（Macdonald）は乾燥農場で現在利用されている最良品種として次のものを列挙する。すなわち，オハイオ（Ohio），マンモス（Mammoth），パール（Pearl），ルーラル・ニューヨーカー（Rural New Yorker）そしてバーバンク（Burbank）である。

雑

　乾燥農場向き作物の更なるリストには，ほとんどすべての経済作物（economic plant）が含まれ，そして，そのほとんどが種々の地域で小規模に試作されている。テンサイ，野菜，球根作物（bulbous plants）などすべては乾燥農場条件下で無灌漑で栽培されていた。これらのいくつかは疑いなく収益的であると発見され，そして，それから乾燥農法の商業化に巻き込まれることになる。

　他方，乾燥農法の作物問題によって要求されることは，大変注意深い仕事が近い将来このような仕事を担当する機関によって行われる，ということである。すでに有利に利用されている作物について，最良品種が確定されなければならない。さらに新しい作物が世界のありとあらゆる地域からこの新しい乾燥農場

地域へもってこられ，試作されなければならない。土着作物の多くは経済的利用という観点から検定しなければならない。例えば，セゴユリの球根 (sego lily bulbs；セゴユリは米国西部地方産であり，ユタ州の州花である…訳者注) ―これによって，ユタ州の開拓者が数年にわたる飢饉のあいだ中生存することができた―は，できるだけ栽培作物にされる。最後に，乾燥農場でより集約的な作物を栽培しようとすることは不確かな知恵であるといわれるべきである。灌漑と乾燥農法とは常に併進する。それらは乾燥および半乾燥地域での農業の補完システムである。灌漑地ではエーカー当たり多くの労働を必要とし，そして代わりにエーカー当たり多収を生産する作物が栽培されるべきであった。灌漑農場にふさわしい新しい作物や品種が探されるべきであった。乾燥農場では大規模に，したがって，エーカー当たり少費用で管理され，その結果，適切なエーカー当たり報酬を実現する作物が栽培されるべきであった。灌漑と乾燥農法との協同によって，雨量が不足する地域は地上で最も健康で，富裕で，幸福でそして最も人口の多いところとなるであろう。

第13章 乾燥農場産作物の成分構成

　乾燥地域農場での作物のエーカー当たり収量は，最も好都合な栽培方法によってさえ，土壌が豊沃である湿潤地域ほど多くない。乾燥地域農場の大部分で頻繁な休閑耕あるいは休息期間（resting periods）が必要であることによって，さらに年平均収量は減少する。とはいえ，以上のことから乾燥農法が湿潤農法，あるいは灌漑農法ほど有利ではないとはいえない，というのは適切な乾燥農法下で実現される投資に対する利潤が，世界各地で一般に採用されたその他同様な農業下でと同様に高いことが充分に証明されたからである。だが，乾燥農法は，作物収量が増加するならば，より有利に見えたであろう。それ故に，年収量の少なさを相殺する条件を見いだすことは，乾燥農法の前進のために極めて重要なことである。実際，制限雨量下で無灌漑で栽培された作物すべてが持っている優れた質を認識することによって，乾燥農法の収益性は高いという信念が大きく強められた。人間によって利用された衣食住向け材料の種々の性質がより明確に理解されるにつれて，量と同様に質を基準として商品を評価することにより多くの注意が向けられるようになった。例えば，テンサイは最低砂糖含量の保証付きで砂糖工場に買い取られる。つまり，ヨーロッパの多くの工場はテンサイに含まれた砂糖の量に応じて支払価格を変えている。製粉業者は，特に小麦の質が悪かった地方で，種々の地域産小麦の製粉資質（flour-producing qualities）を注意深く区別し，それに応じて価格を決定する。家庭でさえ，種々の食物に対する真の栄養価に関する情報は熱心に探し求められている，そして生命維持のために最高の価値があるべきものとして知られている食物は，コストがより高くても，劣質の生産物に取って代わりつつある。質に対する評価は，事実，知識の増加によって主な食材が商品化されるとともに急速に拡大されつつある。このことが定着するようになれば，乾燥地農業者は彼の生産物を最良の市場価格で売ることができる，というのは質の点から乾燥農場で生産された食料生産物が世界市場にあるどんな農産物とも確実に競争する

ことができるということは,疑いなく真実であるからである。

各作物部分の割合

これまでの諸章での議論によると,作物生長の性質が乾燥農法で普通一般的な乾燥条件によって著しく変更されることは,言うまでもない。このことはまず第1に根,茎,葉そして種子といった作物の各部分の割合に現れる。乾燥農場産作物の根系は一般に著しく発達する,そして不都合な時期に最大のかつ最も活発な根を有する作物が旱魃や燃えるような暑さに耐えることは一般に見られることである。葉の第1の機能は根を作り強化するための材料を集めることであり,そして,この後ではじめて茎を長くし,葉を繁らせた。通常,短期間の経過後,茎や葉は生長し始める,その結果,やや矮小であることが乾燥農場産作物の特徴である。テンサイ,ポテト塊茎などこのような地下部分の大きさは水や栄養供給に依存する,だが,これらは作物が充分な根系や葉を作り上げたときはじめて有効となる。もし水や栄養が不足していれば,やせたテンサイが生じる。もしそれらが豊富であれば,十分に太ったテンサイが生じる。

乾燥農法はやや短い生育期間によって特徴づけられる。たとえ生育に好都合な天候が普通一般的であるとしても,土壌中にある水分の減少によって成熟は早められる。それ故に,乾燥条件下では,花や種子の形成は湿潤条件下でよりもより早く始まり,より急速に完成する。さらに,恐らく根系に貯えられた物質がより豊富であることの結果であるが,葉と茎に対する穂の割合は,乾燥農場産作物の場合に最高である。事実,穀作物の場合,藁に対する穂の割合が水供給の減少につれて増加することが一般法則である。このことは,種々の生育期間あるいは種々の灌漑水利用が比較されるとき,湿潤あるいは灌漑条件下でさえ大変よく明らかになる。例えば,ホール(Hall)は,湿潤年(41インチ)であった1879年に,小麦収量は藁100ポンドに対して穀実38ポンドであり,乾燥年(23インチ)であった1893年に,小麦収量は藁100ポンドに対して穀実95ポンドであったというロザムステッドの実験結果を引用した。同じく,ユタ州試験場は乾燥条件下で同法則を確定した。3年にわたる実験結果の平均から明らかになったことは,22.5インチの灌漑水を受けた圃場では,藁100ポンドに対し

て穀実67ポンドの小麦が生産され，他方，わずか7.5インチの灌漑水を受けた別の圃場では藁100ポンドに対して穀実100ポンドの小麦が生産された，ということである．小麦が本質的に穀実生産のために栽培されるので，このような割合の変化は著しく重要なことである．利用できる水の量は，作物のあらゆる部分に影響を及ぼす．かくして，実例を挙げると，カーレトンによると，湿潤条件下でウィスコンシン州で栽培されたエン麦の栄養物（meat）割合が67.24％であったが，ノース・ダコタ州，カンサス州，モンタナ州といった乾燥・半乾燥条件下では71.51％であった，ということである．作物部分の同様な割合の変化は利用できる水の量の変化の直接的な結果として観察される．一般に，そのとき，乾燥農場産作物の根が十分に発達するといわれる．地上の部分はやや矮小化される．藁に対する種子の割合は高く，また，作物の各部分における栄養物（meat and nutritive material）割合は同様に高い．

乾燥農場産作物中にある水分

あらゆる作物やその各部分の不変的な構成成分の1つは水である．乾草，粉および澱粉には熱によってのみ除去されるかなり多量の水分が含まれている．緑色作物に含まれている水分はしばしば著しく多い．例えば，若いルーサンでは，それは85％に達する，そして若いピースでは約90％である，あるいは，これはすばらしい牛乳に見いだされる以上である．作物によってそのように保持された水には，通常の水以上の栄養価はない．それ故に，消費者にとっては乾物を購入するほうが有利となる．このことからも，乾燥農場産作物には明白な利点がある．生育中，気候的差異によって作物の含水量は恐らく著しく異なることはないが，収穫後，乾燥過程は乾燥農場で湿潤地域以上により完全に進行する．湿潤地域で貯蔵されていた乾草にはしばしば12～20％の水が含まれている．乾燥気候では，乾草はわずか5％の水分しか含んでおらず，めったに12％以上になることはない．乾草が自然に乾燥すればするほど，ポンド当たりにみて，より湿った乾草以上にますます価値がある，そして，含水量の違いに基づいた価格の差異は，すでに西部のある地域で感じられている．

主な乾燥農場向き作物である乾燥農場産小麦の含水量は，より重要でさえあ

る。ウィーリー（Wiley）によると，合衆国の小麦の含水量は7～15％であり，平均は10.62％である。スチュワートおよびグリーヴェスはユタ州の乾燥農場で栽培された多数の小麦を検査し，そして普通のパン用品種の平均含水量が8.46％であり，ドラム品種では8.89％であることを明らかにした。この意味は，通常の湿潤条件地域へ送られたユタ州乾燥農場産小麦が，重量を40分の1あるいは2.5％増すために十分な水を大気中から吸収してやっとアメリカ産小麦の平均含水量に到達した，ということである。換言すれば，100万ブッシェルのユタ州乾燥農場産小麦には湿潤条件下で栽培され貯蔵された102万5,000ブッシェルの小麦と同様に多くの栄養分が含まれている，ということである。この差異は支払価格で見分けられるべきであり，いまそうされている。事実，乾燥農場産小麦の乾燥性をよく知っている機敏な商売人は数年間やや高い価格で乾燥農場から小麦を買い，そしてより湿潤な気候での水分吸収の結果としての重量の増加による利益を期待した。穀実および同様な生産物が含水試験（moisture test）を基準にして購入される時期がもうそこまで来ている。

　乾燥農場産作物が湿潤諸国の作物と比べて自然的により乾燥していることが疑いなく真実である一方，だが，心に留めなければならないことは，最も乾燥した乾燥農場産作物が夏が暑く雨が降らないところで常に獲得される，ということである。降水が主に春から夏にかけてある地域で，乾燥上の差異はそう大きくはなかった。それ故に，大平原で育てられた作物は，カリフォルニア州あるいはグレート・ベースンで育てられたものほど乾燥してはいなかった。だが，冬か夏かは別にして，年雨量が極めて少なく，したがって，乾燥農場条件が作り出されるところはどこでも，貯蔵作物は雨量の多い条件下で生産されたもの以上に乾燥している，したがって，乾燥地農業者が強調すべきであることは，将来的に可能であるならば，販売は乾物を基礎にすべきである，ということである。

作物中の栄養物質

　あらゆる作物やその各部分の乾物は3種類の大変異なった物質からなる。すなわち，第1は，灰分あるいは無機物質である。灰分は身体内で骨を作り，そ

第13章 乾燥農場産作物の成分構成

して種々の生命過程に絶対に欠くことのできない化合物を血液に供給するために利用される。第2は，蛋白質ないし含チッソ物質である。蛋白質は身体内で血液，筋肉（muscle），腱（tendons），毛（hair），そして爪（nail）を作るために利用される，そしてある条件下で，体内で熱を生産するために燃やされる。蛋白質は恐らく最も重要な栄養成分（food constituent）である。第3は，脂肪，木質繊維およびチッソ・フリー抽出物（nitrogen-free extract）を含む非チッソ物質（non-nitrogenous substances）であり，これらには砂糖，澱粉など関連物質の名前が付けられている。これらの物質は身体内で脂肪を合成するために利用され，また熱を発生するためにも燃やされる。これらの重要な栄養成分のうち，蛋白質は，第1に身体の最も重要な組織を形成するので，第2に脂肪，澱粉そして砂糖ほど豊富にはないので，恐らく最も重要な成分である。実際，蛋白質に富む作物は，ほとんど常に最高価格で売れる。

どんな種類の作物の構成成分も種々の地域でまた種々の期間中にかなり変化する。この変化は土質，あるいは施肥に原因があるが，土壌条件に起因する作物構成成分の変化は比較的わずかである。より大きな変化の原因はまったく種々の気候や水供給にある。いま知られるかぎり，作物構成成分の変化の最大要因は生長しつつある作物が利用できる水の量である。

種々の水供給によって引き起こされた変化

ユタ州試験場は水が作物構成成分へ及ぼす影響について数多くの実験を行った。あらゆる場合に採られた方法は生育期間中標準地（uniform land）の隣接区画に種々の量の水を施用することであった。初期の実験結果のいくつかは第17表の通りである。

第17表の思いつきの検討によってさえ，利用された水の量が作物の構成成分に影響を及ぼしたことが明らかとなる。灰分や繊維は大きく影響を受けたようには見えない，しかし，その他の構成成分は，かなり規則的に，灌漑水量の変化に伴って変化する。蛋白質は最も大きく変化する。灌漑水の増加につれて，蛋白質割合は減少する。小麦の場合，その最大と最小との割合の差は9％以上であった。他方，脂肪やチッソ・フリー抽出物の割合は，灌漑水の増加につれ

第17表 水が作物の構成成分割合へ及ぼす影響

(単位：%)

	施用された水インチ	灰分	蛋白質	脂肪	繊維	チッソ・フリー抽出物
トウモロコシ粒	7.5	1.62	15.08	6.02	1.89	75.39
	15.0	1.65	13.48	6.16	1.91	76.86
	37.3	1.62	12.52	6.26	1.89	77.72
エン麦粒	7.0	3.26	20.79	3.91	9.02	63.02
	13.2	4.52	17.29	4.19	10.76	63.25
	30.0	4.49	15.49	4.59	10.92	64.51
小麦粒	4.6	2.70	26.72	2.37	5.44	62.77
	10.3	2.54	19.93	2.09	4.47	70.97
	21.1	2.50	16.99	1.97	3.92	74.62
ピース粒	7.5	1.17	31.16	1.70	7.88	58.09
	15.0	2.76	28.37	0.87	7.14	60.84
	30.5	2.99	21.29	1.16	6.78	67.78
ポテト塊茎	8.0	6.68	11.83	0.55	2.69	78.25
	15.0	4.85	12.52	0.33	2.21	80.08
	40.0	4.87	8.30	0.79	2.06	83.95
テンサイ	12.3	4.76	9.68	0.29	5.37	79.91
	21.0	4.98	7.50	0.18	6.02	81.32
	40.8	4.69	5.63	0.45	5.68	83.55

てより大きくなる。すなわち，乾燥農法の場合のように，ほとんど水なしで栽培された作物は重要な肉や血液を形成する物質である蛋白質に富み，それに対して脂肪，糖，澱粉などより多くの熱や脂肪を生産する物質は比較的少ない。この違いは乾燥農場産作物を世界の食料市場で販売する場合に極めて重要なことである。種子，塊茎そして根にこの違いが見られるのみならず，ほとんど水なしで栽培された作物の茎葉にもより湿潤気候で栽培されたもの以上に高割合の蛋白質が含まれていることが明らかとなる。

　作物構成成分に対する水の直接効果は多くの研究者によって観察されている。例えば，オランダで研究しているメイヤー（Mayer）によると，生産されたエン麦の蛋白質含量は，生育期間中10%の水を含む土壌では10.6%，30%の水を含む土壌ではわずか5.6%，そして70%の水を含む土壌ではわずか5.2%であった，ということである。カーレトンによると，合衆国の湿潤および半乾燥地域で栽培された同品種の小麦の分析の結果，半乾燥地域の小麦の蛋白質割合が14.4%であったのに対して，湿潤地域の小麦では11.94%であった，というこ

とである。合衆国における小麦の平均蛋白質含量は12％強である。スチュワートおよびグリーヴェスによると，ユタ州乾燥農場産小麦でコモン・ブレッド種の場合，平均16.76％の蛋白質，また，ドラム種の場合17.14％の蛋白質が含まれていた。イングランドのロザムステットでの実験，例えばホールによって行われた実験は，これらの結果を確認する。例えば，まさに乾燥した年である1893年に，大麦粒には12.99％の蛋白質が含まれており，他方，1894年に，湿った自由自在に生育することができる年であるが，大麦にはわずか9.81％の蛋白質しか含まれていなかった。ほとんど水なしで栽培された作物は多くの蛋白質を含むが，熱・脂肪を生産する物質をほとんど含まないという原理を確証するための引用は増えることになる。

気候と構成成分

　一般的に，気候は，特に生育期間の長さやもちろん水供給を含めた長さに関連して，作物の構成成分に強い影響を及ぼす。カーレトンの観察によると，ユタ州ネフィーで栽培された同品種の小麦には16.61％の蛋白質が含まれ，テキサス州アマリロ（Amarillo）では15.25％の蛋白質が含まれ，そしてカンサス州マクファーソン（Mcpherson）の湿潤試験地では13.04％の蛋白質が含まれていた，ということである。この違いは疑いなく部分的には年降雨の違いによるが，大きくは，3試験地の気候条件の違いによるものである。

　地域性が小麦粒の構成成分に及ぼす影響を明らかにする極めて興味ある重要な実験についてレクレック（LeClerc）とリーヴィット（Leavitt）が報告している。1905年にカンサス州で栽培された小麦は1906年にカンサス州，カリフォルニア州およびテキサス州で播種された。1907年にこれら3地域で栽培された種子のサンプルは，3つの州の各々で並べて播種された。

　3地域で生産された作物すべてはそれぞれ毎年分析された。この実験結果のいくつかは第18表に示される通りである。

　結果は顕著であり，かつ，納得させる。1905年にカンサス州で栽培された原種子（original seed）には16.22％の蛋白質が含まれていた。カンサス州のこの種子から栽培された1906年の作物には19.13％の蛋白質が含まれていた，同様

第18表 地域性がクリミア小麦の構成成分に及ぼした影響

要素	地域性がクリミア小麦の構成成分に及ぼした影響		
	カンサス育ち	カリフォルニア育ち	テキサス育ち
	原種子，カンサス，1905年		
蛋白質ポンド	16.22		
ブッシェル当たり重量ポンド	56.50		
火打ち石質パーセント	98.00		
	1905年のカンサス種子からの1906年作物		
蛋白質ポンド	19.13	10.38	12.18
ブッシェル当たり重量ポンド	58.8	59.4	58.9
火打ち石質パーセント	100.0	36.0	

	1906年の種子からの1907年の作物								
	1)			2)			3)		
	カンサス	カリフォルニア	テキサス	カンサス	カリフォルニア	テキサス	カンサス	カリフォルニア	テキサス
蛋白質ポンド	22.23	22.23	22.81	11.00	11.33	11.37	16.97	18.22	18.21
ブッシェル当たり重量ポンド	51.3	51.3	50.7	61.3	61.8	62.3	58.5	57.3	58.6
火打ち石質パーセント	100.0	100.0	100.0	50.0	60.0	50.0	98.0	100.0	95.0

※ 1)は1906年の3地域育ちの種子がカンサスで栽培された結果を示し，2)は1906年の3地域育ちの種子がカリフォルニアで栽培された結果を示し，そして，3)は1906年の3地域育ちの種子がテキサスで栽培された結果を示す（訳者注）。

に，カリフォルニア州では10.38%，そしてテキサス州では12.18%であった。1907年に，これら遠く離れた場所で生産されそして構成成分が大変異なっていた1906年の種子を利用してカンサス州で栽培・収穫された作物には一様に22%以上の蛋白質が含まれていた。同様に，カリフォルニア州で収穫されたそれらには11%以上，そしてテキサス州で収穫されたそれらには約18%の蛋白質が含まれていた。要するに，小麦粒の構成成分は種子の構成成分あるいは土質とは無関係である，しかし，主として水供給を含む普通一般的な気候条件に依存する。小麦ブッシェル当たりの重量，すなわち，小麦粒の平均的な大きさと重さ，そして粒の硬さあるいは火打ち石質（flinty character）は気候条件の違いによって大きな影響を受けた。乾燥農場産穀物のブッシェル当たり重量は湿潤条件下で栽培された穀物よりも重いことは一般に真実である。通常，硬さは蛋白質含量の多さを伴い，したがって，乾燥農場産小麦の特徴である。これらの注目に値する教訓から得られることは，より優れたかつより多くの収穫が確保される

と期待して，はるか遠い場所から新しい種子を持ち込んでも無益である，ということである。生育する諸条件によって，主として作物の性質が決定される。この原理を理解しない農業者が，茎葉はよく繁茂するが，穂が付かないという結果になるにもかかわらず，種子用トウモロコシを中西部（Middle West）に送っていることは，西部でよく見られる経験である。乾燥地農業者が従うべき唯一の確実な規則は，長年にわたり乾燥農場条件下で栽培されてきた種子を利用することである。

構成成分の違いの理由

乾燥農場産作物が高蛋白質含量である理由をそれとなくいうことはできる。すべての作物が生育期間の初期にチッソの大部分を確保することはよく知られている。チッソから蛋白質が形成される，それ故に，すべての幼作物は，極めて蛋白質に富む。作物の生長に伴って，蛋白質はほとんど追加されない，しかし，ますます多くの炭素が脂肪，澱粉，糖そしてその他の非チッソ物質を形成するために大気中から取り込まれる。その結果，蛋白質の割合あるいは百分率は作物の生長に伴い，より小さくなる。作物が押し進める目的は種子を生産することである。水供給が不足し始める，あるいは，生育期間がその他どのようなことによっても短くなるときはいつでも，作物はすぐに成熟し始める。いま，乾燥農場条件の根本的な効果は生育期間を短くすることである。蛋白質に富むまだ比較的若い作物は種子を生産し始める。そのために収穫時に，種子，葉，茎には作物の果肉や樹液を作り上げる成分が多く含まれている。より湿潤諸国では，作物は種子生産の時期を遅らし，したがって，作物はより多くの炭素を貯蔵し，蛋白質の割合を減らすことになる。水不足によって引き起こされた生育期間の短縮は疑いなくより多い蛋白質含量，したがって，乾燥農場産作物すべてのより高い栄養価の主な理由である。

乾燥農場産乾草，藁そして粉の栄養価

乾燥農場産作物の構成部分すべては極めて栄養に富んでいる。このことは乾

燥地農業者によってより明確に理解されなければならない。例えば，乾燥農場産乾草は，蛋白質含量が多いので，この成分を多く含んでいない作物といっしょに食べさせられるならば，そのことによって農業者はより多くの利潤を得ることができる。乾燥地農場産藁には，しばしば乾草が不足している時期に行われた分析や飼養試験によって明らかにされたように，優れた乾草と同等の飼料価値がある。特に穂刈機藁の飼料価値は高い，というのはその藁は茎の上部でかつより栄養のある部分であるからである。それ故に，乾燥農場産藁は，注意深く保存され，そして，しばしば起こることであるが，そのまま地面に放置されているかあるいは燃やされる代わりに，家畜に食べさせられるべきであった。乾燥農場産作物の相対的飼料価値を検証する飼養実験 (feeding experiment) はほとんど行われなかった，しかし，ほんのわずかの記録が明らかにすることは，単独か混合して食べさせられるかどうかは別にして，乾燥農場産作物の価値は優れている，ということである。

　水供給や気候環境の違いによって引き起こされた作物や作物生産物の化学的構成成分の違いは粉，ふすま，そして粉混じりのふすま (shorts) といった製造品に現れる。ユタ州の乾燥農場で栽培された Fife 小麦から製造された粉には実際16％の蛋白質が含まれていた，他方，メイン州試験場からの報告によると，メイン州や中西部で栽培された Fife 小麦から製造された粉には13.03～13.75％の蛋白質が含まれている。ユタ州試験場で栽培された Blue Stem 小麦から製造された粉には15.52％の蛋白質が含まれていた。メイン州や中西部で栽培された同品種からの粉にはそれぞれ11.69％と11.51％の蛋白質が含まれていた。湿ったグルテンや乾燥したグルテン (the moist and dry gluten)，グリアデイン (gliadin) およびグルティニン (glutenin) ーこれらすべてがパンを最高かつ最も栄養のあるものにするーは，典型的な乾燥農場条件下で栽培された小麦から製造された粉の中に，最大量でかつ最良の比率で含まれている。製粉過程で生じる副産物も同様に栄養成分に富む。

将来のニーズ

　構成成分を基準にして食材 (food materials) を購入する傾向が強まることは

すでに指摘した。作物構成成分や動物栄養の領域での新発見や急速かつ正確な改良評価法によってこの傾向は加速されるであろう。いまでさえ，食品製造業者は紙箱に印刷し，そして品物を宣伝する際に，商品の優れた食品価値の理由づけに質を強調する。少なくともある工場は2通りの食品を製造している，そしてうち1つはきつい肉体労働をする人用のものであり，他は頭脳労働者用のものである。質は，動物か人間かにかかわりなく，肉体の要求と関連して，食材を判断する際に，急速に第1の問題となりつつある。現在の高価格期にあってはこの問題はより重要とさえなる。

　こういった事情や傾向を考慮すると，乾燥農場産作物が，通常，最も価値ある栄養物質に富むという事実は，乾燥農法の発達にとって極めて重要である。乾燥農場産作物の低い平均収量は，それらがより湿潤気候下での多収と競争してポンド当たりより高い価格で売れることが知られるとき，あまり低いとは思われない。種々の乾燥農場地域で栽培された作物の質を決定するためにより精緻な研究が企てられるべきであった。できるだけ各地域は，大なり小なり，各作物が十分に生育し，最高の栄養価をあげるような品種の栽培だけにとどまるべきであった。そのようなやり方で，広大な乾燥農場地域の各地区はまもなく信頼性のある特別な質を提唱するにいたる，そしてそのことが第1級の市場を無理やりに手に入れることになる。さらに，乾燥農場産作物の優れた飼料価値は，質評価に基づいた需要を市場で作り出すために，消費者に徹底して宣伝されるべきであった。このような数年にわたる体系的かつ公正な活動によって，乾燥農法の経済基盤（financial basis）が著しく改善された。

第14章　土壌豊沃性の維持

　すべての作物は注意深く燃やされたとき，ある量の灰分を残す，そしてそれは量的には種々であるが，平均して作物の乾物重量（dry weight）の5％であり，ときに10％を超えることもある。この作物の灰分は根によって土壌から吸収された無機物質に相当する。加えて，燃やすとガスとなって流亡する平均約2％，ときに4％に達することもある作物中のチッソも，通常，作物根によって土壌から吸収される。それ故に，作物のかなり多くの部分は，直接，土壌から吸収されることになる。灰分の中には，単に土壌中にあるという理由だけで作物によって吸収される多くの成分がある。他方，その他の成分は，数多くの古典的な研究によって明らかにされたように，作物生長にとって不可欠である。もしこれら不可欠な灰分の1つでも不足しているならば，作物はこのような土壌で成熟することはできない。事実，物理条件や水供給が満足のいくものであるならば，土壌豊沃性が利用可能な灰分量，あるいは作物栄養量に著しく依存することはまったく確かなことである。

　総作物栄養量と有用作物栄養量とは明確に区別されなければならない。絶対に必要な作物栄養はしばしば作物にとって価値のない不溶性化合物（insoluble combination）の状態にある。土壌水あるいは作物根液（juices of plant roots）に溶けている作物栄養だけが作物にとって価値がある。実際，すべての土壌には必要不可欠の作物栄養すべてが含まれている，ということは真実である。しかし，たいていの土壌では，有用作物栄養としては比較的少量しか存在していないことも真実である。作物が，なんら見返りをされることなく，連年，土地から持ち出されるならば，当然のことながら，通常の条件下で有用作物栄養量は減少する，そしてそれに伴って，作物生産力もそれ相応に減少する。事実，多くの旧開国の土壌もなんの見返りもなく，数世紀にわたって続けられた連作によって永久に害を受けた。より新しい州の多くでさえ，1世代間ぐらいの小麦ないしその他の作物の連作によって，作物収量は著しく減少した。

第14章　土壌豊沃性の維持　　　*193*

　実践と実験によって明らかとなったことは，このような豊沃性の減少が第1に不溶性作物栄養の多くが遊離できるように土壌を管理するあるいは耕耘することによって，そして第2に，取り去られた作物栄養のすべてないし一部分を土壌に還元することによって防止される，あるいはまったく回避される，ということである。人造肥料工業の近年の発達はこの真実に対する応答である。いま知られている世界の農業用土壌に関するかぎり，絶対必要な作物栄養のわずか3つ，すなわち，カリウム，リン酸，チッソが不足しているにすぎない，といわれている。これらのうち，はるかに重要なものはチッソである。土壌中の作物栄養の供給を維持することに関する問題すべては，主としてこれら3つの物質の供給と関係する。

乾燥農場で豊沃性が持続する

　近年，数多くの農業者や幾人かの研究者は，乾燥農場条件下で，土壌の豊沃性が無施肥での作物栽培によっても害されることはない，と述べた。この見解の背景には，乾燥農法が25～45年間同じ土壌で施肥されることなしに続けられた地域で，平均収量が減少しなかったのみならず，たいていの場合に増加したというよく知られた事実がある。事実，栽培方法が完全となるにつれて収量が増加したということは，12～20インチの雨量下で作業している合衆国の最古の乾燥地農業者のほとんど異議のない証言である。もし作物栄養の着実な除去が逆の影響を及ぼしたとしても，それはその他の要因のせいにされた。例えば，国中で最も古い州に属するユタ州のより古い乾燥農場では決して施肥されなかった，だが，今日，1世代前以上の収量をあげている。十分奇妙なことだが，同様な土壌や気候条件下で作業をしている灌漑農場では，そうではない。乾燥農場条件下でのこの作物生産行動（施肥されないが，収量は増加すること…訳者注）は，土壌豊沃性問題が乾燥地農業者にとって重要ではないという信念に導いた。にもかかわらず，もし作物栄養についての現在の我々の理論が正しいならば，もし連作がなんら施肥することなく乾燥農場土壌で実行されるならば，土壌の生産力が害され，したがって，土壌から取り去られた作物栄養のいくつかを土壌に返すことが農業者の唯一の頼みの綱となる時期が来るに違いないこともまた

正しい。

　土壌豊沃性が乾燥農法によって減らないという見解は，一見して長期にわたって乾燥農法が行われてきた土壌で実際の作物栄養を確定した研究者によって得られた結果によって強化されるようにみえる。乾燥農場地域でのまばらに定住した状態によっていまだ処女地と乾燥農法実施地域—より古い乾燥農場地域でさえそれらが並んで発見されることがある—とを比較する絶好の機会が与えられる。スチュアートによると，15～40年間栽培され，施肥されなかったユタ州の乾燥農場土壌が多くの場合に近隣の処女地以上にチッソに富んでいた。ブラッドレー（Bradley）によると，オレゴン州東部の広大な乾燥農場小麦地帯の土壌には，4分の1世紀にわたる作物栽培の後でさえ，実際，隣接処女地と同様に多くのチッソが含まれていた。その確定は18インチの深さまで行われた。他方，アルウェイおよびトルンブル（Trumbull）によると，サスカチュワンにあるインディアン・ヘッドの土壌では25年にわたる作物栽培の結果，総チッソ量は約3分の1に減少した，けれども，通常，乾燥農法で行われていた休閑と作物との交替によって，その他の耕耘方法ほど土壌チッソは大きく失われることはなかった。インディアン・ヘッドの土壌には通常大平原土壌で見いだされる2～3倍のチッソが含まれ，グレート・ベースンやハイ・プレートの土壌で見いだされる3～4倍のチッソが含まれていることが記憶されなければならない。それ故に，インディアン・ヘッドの土壌では特にチッソが失われやすいことが推量される。ヘデン（Headden）は，コロラド州土壌のチッソ含量についての研究を通して，コロラド州のような乾燥条件が土壌に対するチッソの直接的な蓄積に好都合であるという結論に到達した。概して，減少しない収量や栽培圃場の構成成分から，乾燥農場条件下での土壌豊沃性問題が湿潤条件下での旧来のよく知られている問題とはまったく異なるという信念が導かれる。

乾燥農場が豊沃である理由

　乾燥農場での収量，そして明らかに豊沃性が，記録された乾燥農場の歴史—ほとんど半世紀—の期間中にどうして増加しつづけたかを理解することは，実際，難しいことではない。

第14章　土壌豊沃性の維持

　第1に，湿潤土壌と比較して乾燥土壌の本来の豊沃性は極めて高い（第5章参照）。長年にわたる豊富な収量の生産と持ち出しの影響は湿潤土壌ほど乾燥土壌では明白でなかった，というのは収量や構成成分は豊沃な土壌ではよりゆっくりと変化するからである。それ故に，乾燥農場土壌の自然的に極めて高い豊沃性によって，主に，適切な耕耘を受ける乾燥農場土壌での収量の増加が説明される。

　乾燥土壌の本来の豊沃性によってのみ，疑いなく耕耘された乾燥農場農地の上部1～2フィートで生じる作物栄養の増加が十分に説明されるわけではない。この現象の適切な説明を探し求める際に思い起こさなければならないことは，乾燥土壌では利用できる作物栄養の比率がかなりの深さまでまったく均一であり，また，適切な乾燥農場条件下で栽培された作物が土壌中深くまで根を下ろし，そして土壌のより下層から多くの養分（nourishment）を集める，ということである。結果として，豊富な収量の流れ出しも湿潤地で通常起こるほどそれほど土壌上部数フィートの負担にはならない。乾燥地農業者はいくつかの農場を重ねて所有している，それ故に，その農場はより不適当な農業のやり方であってもより浅い土壌以上に長続きすることになる。

　乾燥土壌は，著しく深いことによって，これまでの諸章で説明したように，10～15フィートの深さまで雨や雪水を貯えることができる。生育期間の進行につれて，この水は徐々に地表へ引き上げられ，そしてあわせて土壌のより下層にある水によって分解された作物栄養の多くも引き上げられる。この過程が毎年繰り返された結果，通常，土壌水分によって，ある十分な深さまで土壌中に分布していた豊沃性が上部土壌層に集められる。ある時期に，特に秋に，この集積は確実に見いだされる。一般に，同様なことは処女地で起こる，しかし，乾燥農場での耕耘方法や自然の降水がより深くまで浸入し，また，土壌水分がより自由に移動することを許す作付けの結果，多量の作物栄養は，土壌のより下層から上部2～3フィートのところに到達する。このような地表近くへの作物栄養の集積は，過大にならなければ，作物の収量増のために好都合である。

　乾燥土壌に特有の高い豊沃性と著しい深さとは，無施肥農法下にある乾燥農場の豊沃性の明白な増加を説明する恐らく2つの主要因である。だが，その結果に大きく貢献するその他の条件がある。例えば深耕，休閑耕そして頻繁な耕

耘といった乾燥農法に受け入れられたあらゆる耕耘方法によって，土壌粒子は風化作用を受ける。とりわけ，大気は容易に土壌中に侵入することができるようになる。このような条件下で，不溶性状態のために作物に利用されなかった作物栄養が遊離され，利用されるようになる。乾燥農法それ自体は湿潤農法以上にこのような利用できる作物栄養の蓄積を促進する。

さらに，乾燥農法の条件下では，どの作物の年収量も多雨の条件下でよりも異常に低い。それ故に，各作物によって持ち出される豊沃性はより少なくてすむ，したがって，一定量の利用できる豊沃性は，不足の兆候を示すことなく，いくらかの作物を十分に生産することができる。乾燥農場産作物の比較的低い年収量は，土地が隔年あるいはできれば3年中2年作付けされることを意味する夏季休閑耕の一般的な実行を考慮して，強調される。このような条件下では，1年間の収量が2分割され，年収量とされた。

乾燥農場産穀物の収穫にあたり，できればどこででも穂刈機の利用は，また土壌豊沃性の維持のために極めて役に立つ。穂刈機によって穀物の穂だけが切り取られ，茎は立ったまま残る。通常，この刈り株は秋に犂き込まれ，そして徐々に腐る。より初期の乾燥農場の時代に，農業者が恐れたことは，少雨の条件下で犂き込まれた刈り株ないし藁が腐ることではなく，土壌が作物生長に不都合な緩い乾燥した状態においておかれた，ということである。過去15年間に十分証明されたことは，もし乾燥農法が適切に行われ，それで常に水がかなりバランスよく土壌中に見いだされたならば，秋でさえ，多量で，厚い穂刈機刈り株が土壌に犂き込まれ，そしてそれは確実に腐り，かくして，土壌を豊沃にする，ということである。穂刈機刈り株には，作物によって土壌から吸収されたチッソの大部分が，そしてカリウムやリン酸の半分以上が含まれている。穂刈機刈り株の犂き込みによって，これらの物質はすべて土壌に戻される。さらに，刈り株の大部分は大気中から取り入れられた炭素である。これは腐敗し，種々の酸物質を作る，そしてこの酸物質は土壌粒子に作用し，土壌粒子が含有する豊沃性を遊離する。腐敗過程の最後に腐植が形成される，そして腐植は作物栄養の貯蔵庫であるのみならず，物理的に良好な土壌条件を維持するのに効果がある。穂刈機の導入は乾燥農法を確実かつ有利にするための大きなステップの1つであった。

最後に認めなければならないことは，土壌豊沃性の維持に役に立ち，すべての土壌で活動している極めて多くの要因についてわずかしか理解されていないあるいは知られていない，ということである。これらの主なものはバクテリアとして知られている低級の生命（low forms of life）である。これらの多くには，好都合な条件下で，不溶性の土壌粒子から栄養を遊離する力があるようである。その他のものは，空中チッソを固定し，そしてそれを作物の要求にふさわしい形態に転化するマメ科ないしさやを生じる作物の根に定着したときはじめて能力を発揮する。近年見いだされたことは，その最もよく知られたものがアゾトバクター（azotobacter）であるが，その他の形態のバクテリアには，大気中からチッソを収集し，そしてそれをマメ科作物を介することなく作物ニーズに結びつける能力がある，ということである。これらチッソを収集するバクテリアは，生命過程において腐りつつある穂刈機刈り株といった土壌中の有機物を利用し，そして同時にチッソ化合物（combinated nitrogen）の追加によって土壌を豊沃にする。いま，これら重要なバクテリアはいくらか石灰に富み，十分に通気のある，かなり乾燥した暖かい土壌を必要とするそのようなことがある。これらの条件は，本書で概略した栽培方式下で，我々の大多数の乾燥農場土壌ですべて満される。ハルは，多くの処女土壌で見いだされた多量のチッソはこれらバクテリアの活動に帰されるにちがいない，そして恐らく乾燥農場に対する着実なチッソ供給は最終的にアゾトバクターなどの低級生物の働きによって説明される，と主張する。恐らく，カリウムやリン酸の供給は，リン酸がカリウムよりずっと前に消耗されてしまうけれども，適切な耕耘方法によって長期にわたって維持される。しかし，チッソは外部から供給されなければならない。チッソ問題は疑いなくまもなく乾燥農場における豊沃性についての研究者にとって主要な問題になる。チッソを収集するバクテリアの生育に都合の良い培養法とともに土壌有機物を十分に供給することが，現在，チッソ問題のまず最初の解決法であるようにみえる。他方，アゾトバクターのようなチッソを収集するバクテリアの活動は，耕耘された乾燥農場土壌中に多量のチッソがあることについての我々の最良の説明の1つである。

　要約すると，乾燥農場土壌の生産力や作物栄養含有量の明らかな増加は，次の諸要因を考慮に入れることによって最も良く説明することができる。すなわ

ち，①乾燥土壌の豊沃性は本来的に高いこと，②乾燥農場産作物が深い根系を持っていることに対応して，根が活動できる土壌が深いこと（deep feeding ground），③土壌中に貯えられていた自然の降水の上方への移動によって，土壌中に分布していた作物栄養が集積されること，④乾燥農法の風化作用を通して土壌粒子の有する作物栄養が自由にかつ活発に遊離されること，⑤年収量が少ないこと，⑥穂刈機刈り株が犂き込まれること，そして，⑦バクテリアの活動によって直接的に大気中からチッソが収集されること，である。

土壌豊沃性を維持する方法

　乾燥農法を特徴づける比較的少ない年々の収量を考慮すると，上で議論された諸要因が，もし適切に適用されたならば，土壌中にある潜在的な作物栄養を遊離し，そして作物が必要とするチッソすべてを収集することは，まったく不可能なことではない。このような平衡状態は，一度確立されたならば，できるだけ長期にわたって持続した，しかし，最後に確実に大失敗に導いた。というのは，近代農学のまさに基石（cornerstone）が不健全でないかぎり，土壌から取り去られた土壌豊沃性成分のかなりの部分を土壌に還元することなく連作が行われたとすれば，最後には作物生産力は減少するからである。近代農業研究の真の目的は土地生産力を維持ないし増加することである。もしこれがなされえないならば，近代農業は本質的に失敗作である。乾燥農法は，最新のそして恐らく将来的には近代農業の最大分野の1つとして，安定した土地生産力を確実にする過程を初めから探し求め，適用しなければならない。それ故に，まさに初めから乾燥地農業者は土壌豊沃性の維持を気にかけなければならない。

　土壌の豊沃性を無期限に維持する第1のそして最も合理的な方法は，土壌から取り去られたあらゆるものを土壌に還元することである。実際，このことは農場生産物を家畜に食べさせ，そして動物によって生産された固形および液体双方の肥料を土壌に還元することによってのみ遂行される。このことは直ちに畜産部門と乾燥農法との関連についての極めて議論となる問題を提起する。いかなる農法も，家畜の生産と明確に結びついていなければ，農業者にとってまったく満足のいくものではなく，州にとっても真に有益ではないことが確かに真

実である一方，だが，現在，普通一般的な乾燥農場条件が安楽な動物生活に必ずしも好都合とは限らないことが是認されなければならない。例えば，乾燥農場地域中央部の大部分で，乾燥農場は流水ないし井戸水から相当離れたところにある。多くの場合に，水は農業従事者や馬に供給するために 8～10 マイル搬送される。さらに，これらのより乾燥した地域で，注意深く栽培されたある作物だけが利益を生むにすぎない，したがって，放牧地や台所用園地は経済的観点から実際に成り立たない。このような条件のために，利益を生む乾燥農法が実行可能であるが，農場にあるいは農場の近くでさえ家屋や納屋を建築することができない。飼料が幾マイルも運ばれなければならないならば，畜産部門の利潤は著しく減少する，そして乾燥地農業者が通常好むことは，1作の小麦を栽培し，そしてその藁が土壌に鋤き込まれ，その結果，続く作物が大きな利益を受け取る，ということである。降雨が地表近くにあるいはより十分に分布している，あるいは地下水が地表近くにある乾燥農場地域で，乾燥農法と家畜とが併進すべきではないという理由はなかった。水が手の届く範囲内にあるところはどこでも，家屋敷も建築することができる。ポンプ揚げ用のガソリン・モーターの近年の発達によって，利用できる水が少しでもあるところはどこでも，小さな家庭菜園が可能となる。台所用水の不足は，実際，乾燥農法と畜産部門とが結合して発達した結果生じた問題である。しかし，事情すべては今日順調であるように見える，というのは連邦政府と州政府との努力によって，乾燥農場地域で数多くの地下水源の発見に成功したからである。加えて，乾燥農場地域近隣での小規模灌漑方式の発達によって，畜産部門の存在が正当に理由づけられるようになりつつある。現在，乾燥農法と畜産部門はむしろはるかに離れて存在している，けれども疑いなく砂漠が征服されるにつれて，それらはより密接に結びつけられることになる。土壌豊沃性を最も良く維持することに関する疑問は同様に残る。そして豊沃性を維持する理想的な方法は，作物によって土壌から取り去られた作物栄養のできるだけ多くを土壌に還元することである，そしてこのことは乾燥農法と結合した家畜飼養部門の発達によって最も良く遂行される。

　もし家畜が乾燥農場で飼養されなければ，土壌豊沃性を維持する最も直接的な方法は購入肥料の施用によってである。この行為は東部諸州やヨーロッパで

広範に行われている。乾燥農場面積の広さや購入肥料の高価格のために，この施肥方法は乾燥農場で実行できない，そして特にチッソとカリウムの価格の点で条件が著しく変わるような日が来るまで忘れさられてしまうであろう。

　乾燥農場土壌に欠けている最も重要な作物栄養であるチッソは，マメ科作物の適切な利用によって確保される。ピース，ビーンズ，ヴェッチ，クローバーおよびルーサンといった一般に栽培されていたさやを生じる作物は，このような作物の根にくっついて生長するバクテリアの活動を通して，大気中から多量のチッソを確保することができる。マメ科作物は通常の方法で播かれるべきである，そして，それが順調に生育し，開花段階（flowering stage）になったときに地中へ犂き込まれるべきであった。もちろん，ピースやビーンズといった1年生マメ科作物がこの目的のために利用されるべきであった。かくして，犂き込まれた作物には多くのチッソが含まれており，そしてそれは徐々に作物の同化作用にふさわしい形態に変えられる。加えて，作物が腐敗する過程で生産した酸物質によって，不溶性作物栄養は遊離し，そして有機物は最終的に腐植に転化する。土壌中へチッソを適切に供給し続けるために，乾燥地農業者が恐らくまもなく気づくであろうことは，犂き込まれるべき1作のマメ科作物を5年くらいおきに栽培しなければならない，ということである。

　非マメ科作物も，土壌に有機物や腐植を追加するために犂き込まれる，けれども，このことは穀実を穂刈りし背丈の高い刈り株を犂き込むという現在の方法以上に有利ではない。穂刈方式は一般に小麦栽培乾燥農場で活用されるべきであった。トウモロコシが主作物である農場では，小麦栽培農場以上に，有機物や腐植の供給がより重要視されなければならない。マメ科作物の時々の犂き込みは，最も満足のいく方法であったであろう。

　乾燥農法に適当な栽培方法を永続的に適用することによって，最も重要な作物栄養が遊離される，したがって，十分に耕耘された農場では，相当量不足している唯一の成分はチッソである。

　乾燥農場での輪作は，通常，大平原地域のような地域で提唱される，というのはそこでは年雨量が15インチ以上であり，そして降水の大部分が春から夏にかけて降るからである。種々の輪作には通常1ないしそれ以上の小粒穀物，トウモロコシあるいはポテトといった耨耕作物，マメ科作物そして時々休閑年が

含まれる。マメ科作物は新たなチッソ供給を確保するために栽培される。耨耕作物は，大気や日光によって土壌粒子に徹底して作用を及ぼし，そしてカリウムやリン酸といった作物栄養を遊離する，そして穀作物はその他の作物の根系によって到達されなかった作物栄養を吸収する。適切な輪作の課題は常に難しい，そして，乾燥農場で実行されていたような輪作についてはほとんど情報がない。チルコットは大平原地域で輪作に関する重要な研究をした，しかし，彼は信用に足る原理を解明するためには多年にわたる試験が必要になることを率直に認める。現在までにチルコットによって発見された最良の輪作のいくつかは次の通りである。すなわち，

　　　トウモロコシ－小麦－エン麦，大麦－エン麦－トウモロコシ，休閑－小麦－エン麦。

　ローゼン（Rosen）の報告によると，輪作はロシア南部の乾燥地域で極めて一般に行われており，それには，通常，しばしば夏季休閑が含まれている。ポルトヴァ（Poltava）試験場で実行された輪作は8圃輪作型である。すなわち，①夏季耕耘され，施肥される，②冬小麦，③耨耕作物，④春小麦，⑤夏季休閑，⑥冬ライ麦，⑦ソバ（buckwheat；実は三角形で，家畜の飼料やパンケーキの材料となる…訳者注）あるいは1年生マメ科作物，そして，⑧エン麦，である。

　この輪作には，見られるように，穀作物，耨耕作物，マメ科作物，そして4年ごとの休閑が含まれている。

　その他のところでも報告されたように，少なくとも3～4年ごとに夏季休閑を含まない乾燥農法のどの輪作も，降雨が不十分な年には同様に危険にさらされる。

　乾燥農場における豊沃性問題についてのこのレヴューは，単に来るべき発達の予測と見られる。現在，土壌豊沃性は乾燥地農業者の大きな関心事とはなっていない，しかし，多雨の国々でのように，実際，乾燥地農業者が過去の教訓を留意し，そしてスタートから土壌中に貯えられていた作物栄養を維持するために適切な実践を採用しなければ，水の保持と同じ問題に直面する時が来るであろう。第9章で説明した，乾物1ポンドの生産のために必要とされた水の量が豊沃性の増加に伴い減少するという原理は，①土壌豊沃性と，②土壌水分と，

③乾燥農場土壌を豊沃性の高い状態に維持することの重要性との間に密接な関連があることを明らかにしている。

第15章　乾燥農法のための機具

　安価な土地と相対的に少ないエーカー当たり収量とが乾燥農法の特徴である。その結果，一定額の報酬を得るためには湿潤農法以上に大面積で営農が行われなければならない。そして乾燥農法の成功に向けて，最小のエネルギー支出で最大の効果の上がる仕事を行いうる方法が採用されなければならない。ユタ州で，グレース（Grace）による注意深い観察によると，山間地方で普通一般的な条件下で，4頭馬と十分な機械装備を持つ1人の男性によって，その半分（80エーカー…訳者注）が毎年夏季休閑にされるが，160エーカーが営農されるという信念が得られる。また，ある男性は，注意深く計画を練られた方式に基づき，好都合な生育期間に，大きく200エーカーを営農する。もしある男性がさらに大農場を管理しようとするならば，仕事は，ぞんざいに行われ，その結果，作物収量は減少し，そして総収入も十分に耕耘されていた200エーカーからの収入よりも少なくなる。

　4頭の馬を持っているある男性は，近代的機械を所有していなければ，160エーカーの面積さえ管理することができなかったであろう。そして乾燥農法の成功いかんは，その他の農法以上に，適切な耕耘機具の利用にかかっている。事実，世界中にある広大な乾燥・半乾燥地域の開拓が，労働節約的な農業機械の発明と導入以前に，つまり，数十年前に実現されたかどうかは，大変疑わしい。乾燥農法の将来が農業機械の今後の改良と密接に結びつけられていることは，疑いない事実である。今日，市場に出回っている農業機械のどれも，最初，乾燥農場条件を考慮して作られてはいなかった。乾燥地農業者がなしうる最良のことは，市場に出回っている機具を自らの特定のニーズに合わせることである。できれば乾燥地域における試験場や発明心の最良の研究領域は，乾燥農法には特定のニーズがあるので，農業機械である。

清浄化と耕起

　合衆国の乾燥農場地域の大部分は，セイジブラッシュや類似の植物で覆われている。セイジブラッシュ地を清浄にすることは，常に困難で，通常，費用のかかる問題である，というのは灌木（shrubs）はしばしば2～6フィートの高さとなり，それに応じて深根となり，極めて硬い木となるからである。土壌が乾燥しているとき，セイジブラッシュを引き抜くことは極めて難しい，にもかかわらず，清浄化（clearing）の多くは必然的に乾燥期間中に行われなければならない。セイジブラッシュ地を清浄化するために数多くの装置が提案され，試みられた。最も古く，最も効果的な装置の1つは2本の平行した鉄道レールであり，これらは重い鉄鎖と結びつけられ，セイジブラッシュ地で大まぐわ（drag）として利用されていた。セイジブラッシュは2本のレールによってつかまれ，そして地面から引き抜かれる。清浄化は，仕事の完成まで一般に2～3回地面上を引き回されなければならないが，かなり完璧に行われる。このような処理のあとでさえ，圃場中に立っている多数のセイジブラッシュの茂みは，耨で抜根されなければならない。別の効果の上がる装置はいわゆる"mankiller"である。この機具はセイジブラッシュを大変巧みに引き抜き，そしてある一定の間隔で落としていく。しかし，それは大変危険な機具であり，そのために，それを使う人達にとって有害となることがある。近年，別の装置がかなり成功を収めて試みられた。それは除雪装置（snow plow）のように重い鉄道用の鉄で作られており，それには多くの大きな鋼鉄ナイフが取り付けられていた。これらの機具のいずれもまったく満足のいくものではない，したがって，セイジブラッシュの抜根のために人の気に入るような機械が，さらに工夫されるべきである。セイジブラッシュの清浄化のために付随した多額の費用を考慮すると，このような機械は乾燥農法の発達に非常に役に立った。

　セイジブラッシュの国から離れて，処女乾燥農場農地（virgin dry farm land）は，通常，多少とも密生した草で覆れている，けれども，乾燥農場条件下で真の芝土はめったに発見されない。長い傾斜のある撥土板（moldboard）によって特徴づけられた通常の耕起犂（breaking plow）はあらゆる芝土を耕起

するための最もよく知られた機具である。芝土が，大平原西端部でのように，大変緩いところでは，より通常の形をした犁が利用される。さらにその他の地域で，乾燥農場農地は散在した木々，しばしば pinionpine やヒマラヤ杉で覆われている，そしてアリゾナ州やニューメキシコ州で mesquite tree（マメ科の低木；prosopis glandulosa：マメは糖分に富み，飼料用；米国南西部・メキシコ原産…訳者注）やサボテン（cacti；サボテン科 Cactaceae の多くの植物の総称…訳者注）が除去されるべきである。このような清浄化は地域の特定のニーズに応じてなされなければならない。

犁　耕

　犁耕，あるいはあらゆる作物に対して7〜10インチの深さまで土壌を反転することは，乾燥農法の基本作業である。それ故に，犁は乾燥農場で最も重要な機具の1つとなる（第23図）。犁は農機具としては極めて古いけれども，現在の完全なものに到達したのは過去100年内のことにすぎない。近代犁が土壌の適当な反転や撹拌のためにより適切でさえある機械によって代置されるべきではなかったかどうかは，多数の偉大な研究者の精神の中で，今日でさえ疑問である。撥土板付犁（moldboard plow）は，あらゆることを考慮に入れると，乾燥農場のために最も満足のいく犁である（第24図）。短い急湾曲のある撥土板のついた犁は，最も徹底して土壌を粉砕するので，乾燥農場のために最も価値があると一般に主張される，しかし，乾燥農法の場合，土壌を反転することは，土壌を徹底して砕き緩めることほど重要ではない。種々の犁床（plow bottom）は第25図で示されている。もちろん，乾燥農場の面積が極めて広いので，1人乗りあるいは乗用の犁が，利用されるべき唯一のものである。同じことはその他の乾燥農場用機具すべてについても言われる。できるかぎり，それらは乗用であるべきであった，というのは結局それはエネルギー節約という点

第23図　近代犁の構造

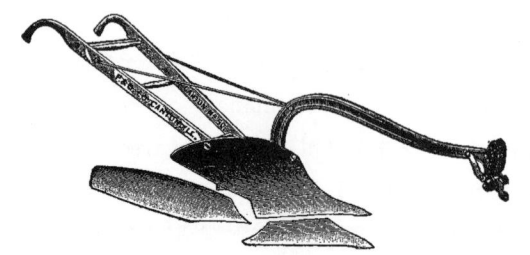

第24図　交換できる撥土板と犁刃のある犂

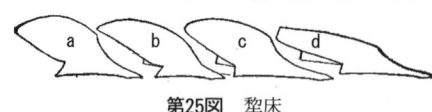

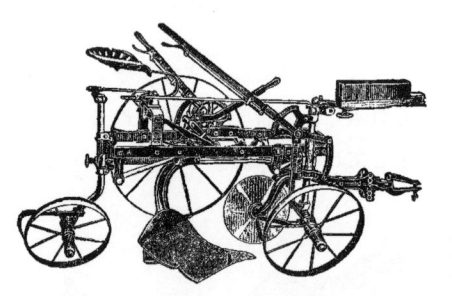

第25図　犂床

第26図　乗用犂

から経済を意味するからである（第26図）。

　ディスク犂は近年耕地で目立って利用されるようになった。それは，よく知られるように，1ないしそれ以上の大型の円盤から成っている，そしてその円盤は，地面を切り込むときに，撥土板上での接触摩擦のために必要となる牽引力よりも小さくてすむ，と信じられている。しかし，ダヴィッドソン（Davidson）およびチェース（Chase）は，ディスク犂の牽引は遂行された仕事に比べてしばしばより重く，そして犂それ自体は撥土板付犂よりも扱いにくい，と言う。通常の乾燥農場のために，ディスク犂には近代撥土板付犂以上のなんらの利益もない。乾燥農場土壌の多くは重粘土であり，ある期間中非常にねばねばする。このような土壌で，ディスク犂は極めて有効である。西部の太陽の強烈な暑さにさらされた乾燥農場土壌が著しく硬くなることも真実である。このような土壌の管理において，ディスク犂は最も有益であると気づかれた。乾燥地農業者の一般的な経験によると，セイジブラッシュ地が清浄化されたとき，最初の犂耕がディスク犂によって最もうまく行われる，が，第1作の収穫後，刈り株地は撥土板付犂によって最良に管理される。しかし，これらすべてのことはさらなる検証を受けるべきである（第27図）。

　心土耕（subsoiling）によって，水のよりよい貯蔵庫が得られ，その結果，乾燥農法がより確実となる一方，いまだ高費用のために恐らく心土耕は一般的に行われないであろう。心土耕は2通りの方法で遂行される，すなわち，1つには通常の撥土板付犂によって行われる，そしてそれは犂き溝で利用され，かく

第15章 乾燥農法のための機具　　　207

第27図　ディスク犂

して，土壌をかなりの深さまで反転する，あるいは，ある形態の通常の心土耕犂（subsoilplow）によって行われる。一般に，心土耕犂は単なる直角の鉄片であり，10〜18インチの長さである，そしてその床先にはショベルのような三角形の鉄片が付けられており，そしてそれが地中で引かれたとき，犂の長さまで十分深く土壌を緩めることができる。心土耕犂は土壌を反転しない。それは大気や作物根がより一層深くにまで侵入しうるほど土壌を緩めるだけである（第28図）。

犂の選択やそれらの適切な利用に際して，乾燥地農業者は仕事をしている条件によってまったく指示されなければならない。ある土壌に対してどんな犂が最良であるかを指定する明白な法則を定めることは現時点ではできない。乾燥地域の土壌については十分よく知られていないし，また，犂と土壌との間の関係も十分よく理解されていなかった。したがって，上述のように，将来的に科学者，実際家双方の１つの重大な研究分野がここにあると言える。

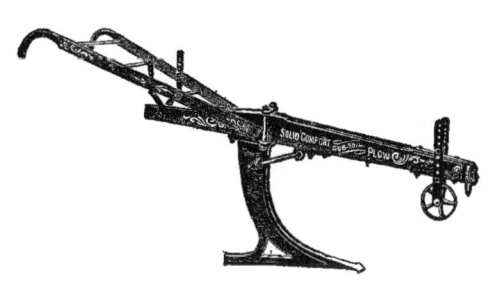

第28図　心土耕犂

土壌マルチを作り，維持すること

雨が容易に浸入するほど十分に土壌が犂耕されたあと，乾燥農法の次の重要

な作業は，土壌から水が蒸発することを防止するために，地面上に土壌マルチを作り，維持することである。このためにある種のハローが，最も一般的に利用される。最も古くそして最もよく知られているハローは通常のスムースィング・ハローであり，これは種々の形の鉄あるいは鋼鉄の歯を適当な枠に取り付けたものである（第29図）。乾燥農場にとって，機具は，農業者がハローの歯を

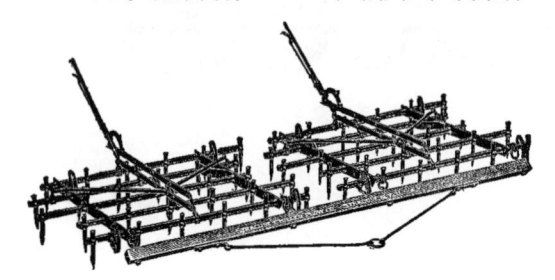

第29図　スパイク・ツース・ハロー

斜め前・後にセットできるように，作られていなければならない。春に穀作物が土壌水分に対して密植しすぎることがしばしば起こる，そして，そのようなときには，幼作物のいくつかが引き抜かれなければならない。このためにハローの歯はまっすぐあるいは前に向けてセットされる，そしてその結果，作物は効率よく間引きされることになる。その他の時期に観察されることは，春に，雨と風によって，土壌上に堅い外皮が形成されるが，その堅い外皮は作物の十分な生長を確保するために破壊されなければならない，ということである。このことはハローの歯を斜め後ろにセットすることによって遂行される，かくして，堅い外皮は作物に著しい害を与えることなしに壊される。スムースィング・ハローは乾燥農場で極めて有益な機具である。しかし，犂に続いて，より有効な機具はディスク・ハローであり，そして，それは比較的近年の発明品である。ディスク・ハローは数個の円盤から成り，そしてその円盤は牽引軸（line of traction）に種々の角度で取り付けられ，かくして土壌を反転し，同時に粉砕するように作られている（第30図）。乾燥農場での最良の管理は秋に犂耕し，そして土壌を冬季間中ラフな状態にしておくことである。春に，土地は徹底してディスクをかけられ，そして細破された状態にされる。続いて，より完全なマルチを形成するために，しばしばスムースィング・ハローが利用される。犂耕

第15章 乾燥農法のための機具

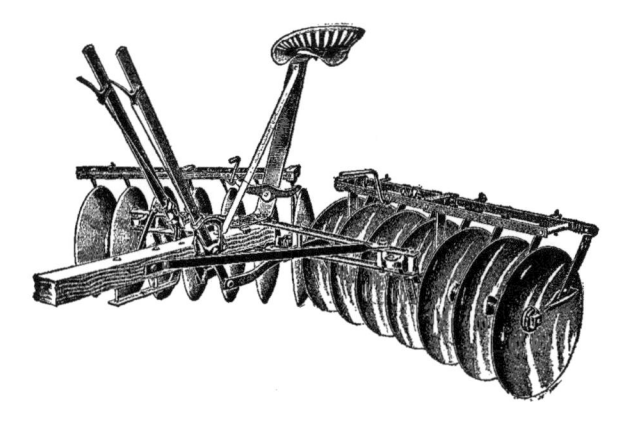

第30図 ディスク・ハロー

後すぐに播種されるべきであるならば、犂に続いてディスク・ハローが利用され、そして順次スムースィング・ハローが利用される。それで地面は播種の準備を整える。ディスク・ハローは適切なマルチを維持するためにも夏季中頻繁に利用される。それは通常のスムースィング・ハロー以上に効率的にその作業を行う、それ故に、乾燥農場で一層の緩い土壌を維持するためにその他のハローすべてに急速に取って代わりつつある。乾燥地農業者はいくつかの種類のディスク・ハローを利用する。フル・ディスク（full disk）は、あらゆることを考慮に入れると、最も有効である。旧アルファルファー地を耕耘する際に、しばしばカッタウェイ・ハロー（cutaway harrow）が利用される。スペード・ディスク・ハロー（spade disk harrow）の利用は乾燥農法の場合に大変限定されている。そして樹園地ディスク・ハロー（orchard disk harrow）はフル・ディスク・ハローの単なる修正である、そしてそれによって農業者は木々の条間を行きかい、そして葉ないし果実を傷つけることなく木々の枝の下の土壌を耕耘することができる。

　乾燥農法の大問題の1つは、雑草あるいは自生植物（volunteer crops）の生長防止に関係する。これまでの諸章で説明したように、雑草は小麦ないしその他の有用作物と同様に自らの生育のために多量の水分を必要とする。休閑期間中、農業者は雑草によって襲われているようであり、そのために雑草の生育中に土壌水分を失うことによって休閑の価値の多くを失う。最も好都合な条件下

で，雑草を処理することは難しい。ディスク・ハロー自体は効果がない。スムースィング・ハローの価値はさらに少ない。現在，幼雑草を効率的に破滅させ，そしてそれらが今後生育しないようにするある機具に対する大きなニーズがある。このような機具の発明に向けて試作が行われつつある，しかし，現在まで成功してはいない。ホゲンソン（Hogenson）は，長年にわたって乾燥農場を雑草から解放するために優れて効率的であることを明らかにした農業者が創作した機具を西部乾燥農場で発見したと報告している。それが第31図に示すユタ州

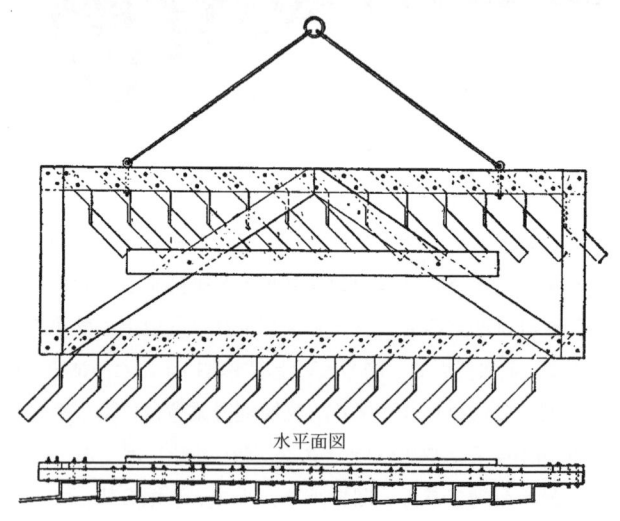

水平面図

第31図　ユタ州の乾燥農場向き除草機

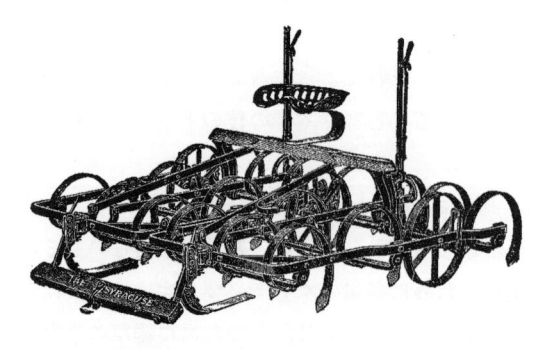

第32図　スプリング・ツース・ハロー

の乾燥農場向き除草機である。この機具はいくつかの点で改良され，そしてユタ州ネフィーの有名な乾燥農場地域での試験で大成功を収めた。ハンター（Hunter）の報告では，同様な機具はコロンビア・ベースンの乾燥農

場で一般に利用されている。スプリング・ツース・ハロー（spring tooth harrow）もまた乾燥農場でわずかながらであるが利用されている（第32図）。それらには，小麦条間の土壌を耕耘しようとしている場所以外では，スムースィング・ハローないしディスク・ハロー以上になんら特別の利益がない。湾曲状のナイフ刃付ハロー（curved knife tooth harrow）は乾燥農場で利用されることはめったにない。それには粉砕機としてある価値があるが，通常のディスク・ハロー以上にどんな実質的な利益もあるようには見えない。

　作物が生育している土地を撹拌するためのカルチベータは，乾燥農場では広範に利用されてはいない。通常，この作業のためにはスプリング・ツース・ハローが利用される。トウモロコシが栽培されている乾燥農場地域で，カルチベータはしばしば生育期間全体を通して利用される。乾燥農場で栽培されたポテトは生育期間中耕耘されるべきであった，そして，ポテト部門が乾燥農場地域で展開するにつれ，適切なカルチベータに対する需要はより大きくなる。乾燥農場で利用されるべきカルチベータはすべて乗用である（第33図）。乗用カルチベータは，作物のいくつかの条にまたがり，その間の土壌を耕耘するカルチベータを条間を歩く馬が牽引するように改作されるべきであった。ディスク，ショベル，あるいはスプリング・ツースがカルチベータとして利用される。市場には多種類のカルチベータがあるので，農業者は最も明白に自らのニーズに合うようなものを選択しなければならない。

　種々の形態のハローやカルチベータは乾燥農法の発達のために最も重要な機具である。適切なマルチが休閑中，そしてできるだけ生育期間中，土壌で保持されなければ，第1級の作物を期待することはできないからである。

　鎮圧機（roller）は乾燥農法で，特にコロンビア・ベースン台地

第33図　乗用カルチベータ

（upland）で，しばしば利用される。鎮圧機による鎮圧（packing）によって，大気中へ蒸発させるべく水が土壌のより下層から引き上げられがちであるので，

鎮圧機は，水の保持が重要であるところで，利用するにはやや危険な機具である。それ故に，鎮圧機が利用されるところはどこでも，すぐにハローが続いて利用されるべきであった。鎮圧機は，土壌が大変緩く軽い，そして発芽を十分にするために種子の周りに鎮圧を必要とする地域で，主として価値がある。

地表下鎮圧

キャンブルによって高く推奨された地表下鎮圧機（subsurface packer）の目的は，15インチ〜2フィートの深さにある心土を鎮圧し，他方，表土を緩い状態にすることである。地表下鎮圧機は，犂き込まれた刈り株を含んでいる心土がやや緩い場所で，恐らく価値がある。もちろん，生育期間中，鎮圧を続ける土壌では，それは極めて有益な効果を上げることができない。事実，乾燥農法についての近代理論は，地表下鎮圧機あるいはその他の農機具によって到達された深さ以上にはるかに深い土壌にまで水が収容されていなければならなかった，と力説する。それ故に，地表下15〜20インチのところに鎮圧土壌層を形成しても，なんの特別な利益もないことになる。キャンブルは，土壌水分の貯蔵庫が地表近くにあるべきであり，そして，鎮圧土壌層が底となって水が降下しないよう防止する役割を果たすべきであった，と主張する。このことは当時の最良の経験に著しく反することである。疑いなく，地表下鎮圧機は数生育期間にかけて犂き込まれる刈り株やその他の有機物が急激にそして完全に腐敗しないほど深いところにある土壌で利用される。このような土壌で，地表下鎮圧機による鎮圧によって，水の損失は防止され，そして作物根が伸びるためのより一様な環境（medium）が与えられることになる。これらのために，ディスクは通常非常に優れている（第34図）。

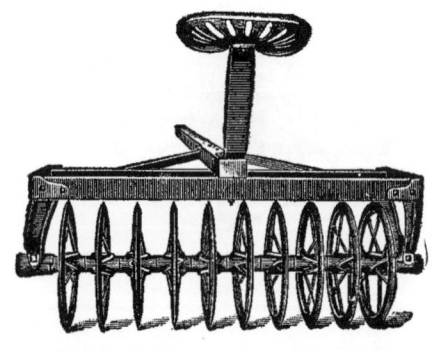

第34図 乗用カルチベータ(ディスク型)

播　種

　すでにこれまでの諸章で指摘したように，適切な播種は乾燥農場の最も重要な作業の1つであり，犂耕あるいは土壌水分の保持のためのマルチの維持に匹敵するくらい重要である。撒播という旧式の方法は乾燥農場では絶対に行われない。乾燥農法の成功いかんはまったく農業者が農場の作業すべてにもっている統制に依る。撒播では，播種量も種子の播き方も統制することはできない。それ故に，農業者が播種過程を十分に制御することができる条播栽培は，これは200年前にジェスロ・タルによって紹介されたものであるが，利用されるべき唯一の方式である。市場に出回っている数多くの条播機はすべて同じ原理を利用している。それらの変形はほんのわずかにすぎず，単純なものである。すべての条播機では，種子が畦間に落ち込むように取り付けられたチューブの中に種子が入れられている。条播機それ自体は溝切り(furrow opener)と被覆装置によってまったく特徴づけられている。播種溝は小型の耨あるいはいわゆるシュー(shoe：物体の先端にはめる金具…訳者注)ないし円盤のいずれかによって切られる。現在，シングル・ディスクが播種溝を切る今後の方法となり，他の方法が徐々に消失していることは明らかである。種子は，このようにして作られた播種溝に落とされ，そして，機械後部のある装置によって覆土される。最も満足のいく

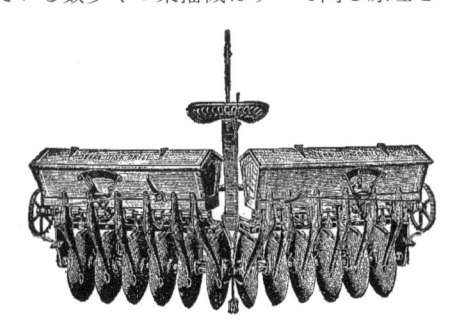

第35図　ディスク付き条播機

第36図　鎮圧車輪付き条播機

と同様に最も旧い方法の1つは、一連の鎖が条播機のうしろで引きずられ、そして播種溝を完全に覆土する、というものである。しかし、種子の周りの土壌が注意深く鎮圧されることが大変好ましい、そうすることによって、温度条件がふさわしければいつでも、ほとんど困難なく発芽が始まる。それ故に、当時のたいていの条播機には、大変軽い車輪が各溝に対して1つ当て付けられていた、そしてそれによって土壌は軽く鎮圧され、そして種子と密着させられる（第35・36図）。このような改良機の弱点は、土壌が条播溝に沿ってやや鎮圧されており、そのことによって土壌水分が流亡しやすくなる、ということである。多くの条播機は改良されており、それで農業者の好みで鎮圧用車輪が利用できるようになっている。種子用条播機（seed drill）はすでに極めて有益な機具となっており、さらに、乾燥地農業者の特別なニーズを満たすように急速に作り直されている。トウモロコシ用播種機（corn planter）はトウモロコシが主要作物である乾燥農場でもっぱら利用されている。原理的にはそれらは鎮圧条播機（press drill）とまったく同じである。ポテトも一般に機械で植えられている。播種機（seeding machinery）は、乾燥農法の諸原理を基礎にして建造されたところはどこでも、乾燥農場にとって極めて有効な随伴物となる。

収　穫

　乾燥農場の膨大な面積はほとんど最も近代的な機械によって収穫されている。穀物については、穂刈機が利用できない地域ではもっぱらハーベスターが利用されている、しかし、条件が許すところはどこでも、穂刈機が利用されているし、また利用されるべきであった。土壌豊沃性を維持する手段として犂き込まれたとき、穂刈機のあとに残る背の高い刈り株がどのくらい有効であるかはこれまでの諸章で説明された。その上、ハーベスターについてはわからないが、穂刈機の取り扱いは簡単である。ただ、例えば、小麦の背丈が大変低く、それで機械が地面上を通過するとき穂がこぼれ落ちるといったように、無駄を招くときが穂刈機にはある。乾燥農場地域の多くの地域では、小麦がいまだ立っている間に完全に熟してしまうような気候条件がある。このような場所では、コンバインが利用される。穂刈機は穀物の穂を切り落す、そして、その穂は脱穀

機に送られる，そして，脱穀された穀物が詰まった袋は機械の通路に沿って落とされる，他方，藁は地面にまき散らされている．このような機械は利用されるところはどこでも，経済的でかつ満足のいくものであるとみられていた．近年，トウモロコシの茎は以前よりもはるかに有利に利用されるようになった，というのは，トウモロコシの飼料価値の約半分が数年前までまったく無駄にされていた茎にあるからである．トウモロコシ収穫機は同様に市場に出回っている，そして，まったく一般的に利用されている．トウモロコシを手で収穫することは広大な場所では明らかに不可能である，それ故に，大型のトウモロコシ収穫機がこのために作られた．

蒸気とその他の動力

　近年，多くの人が，乾燥農場で負担される費用が馬以外の動力の利用によって著しく減少したことを実証した．蒸気，ガソリンそして電気が示唆された．蒸気牽引機関はすでにかなり十分に発達した機械であり，それで，ほとんどすべての乾燥農場地域の多くの乾燥農場で犂耕のために利用されていた．不運にも，現在に至るも，それはまだ満足のいくものにはなってはいなかった．まず第1に思い出されるべきことは，乾燥農法の諸原理が大変緩くかつスポンジ質に保たれた表土を要求する，ということである．大型の牽引機関には驚くほど重量のある幅広の車輪が付けられていたので，それらは通り道に沿って極めて強く土壌を鎮圧し，そしてそのようにして耕耘の重要な目的の1つをだめにしてしまう．それらに対する別の異議は，現在それらが構造上たえず故障しやすい，ということである．これらの故障それ自体はささいなことであり，費用もかからないけれども，その意味することは，修理のために必要な時間あるいは日数すべてにわたって農作業が中止する，ということである．かくして，多数の人々は多少とも無為に過ごすことになり，仕事は大幅に遅れ，その結果，所有者には大きな負担となる．疑いなく，牽引機関は乾燥農法の中で存在している，しかし，いまだ乾燥農法を満足させるほど完全なものにはなっていなかった．重粘土壌では，それは軽土壌以上に有益となる．牽引機関が満足のいくように作動するならば，犂耕は馬が利用されるときよりもかなり低いコストで行

われるであろう。

　イングランド，ドイツそしてその他のヨーロッパ諸国で，犂耕と結びついた困難のいくつかは，圃場の2対極で2つの蒸気機関を利用することによって克服された。これらの機関は同時に作動し始め，そして，太いケーブルによって，犂，ハローあるいは播種機が圃場上を前後に引っ張り回される。この方法によって旧世界の多くの大領地で十分な満足が与えられるようにみえる。マクドナルド（Macdonald）はこのような方式がサウス・アフリカのトランスヴァール（Transvaal）で申し分なく作用しており，その結果，そこで極めて低いコストで仕事をしている，と報告している。このような方式が必要とする巨額な当初費用のために，もちろん，乾燥農場地域で定着している大農場を除いて，その利用は禁じられる。

　ガソリン・エンジンも試用されている，しかし，現在まで蒸気機関以上に優れた利益があることが証明されていなかった。それらに対する2つの異議は，蒸気機関に対するものと同様である。すなわち，第1に，危険な程度にまで表土を圧迫するそれらの重量，そして，第2に，作業を遅らせかつ高価にする頻繁な故障，である。

　西部の大部分で，水力が極めて豊富である，それで，水力によって発電される電気エネルギーが乾燥農場の耕耘作業に利用されるという提案がなされた。軌道上を走らないトロリー・カーの発達に伴い，好都合な地域で電気が乾燥農場の機械的耕耘において農業者の役に立つように利用されたことはあり得ないことはないように見える。

　馬力から蒸気やその他のエネルギーへの転換はまだ将来のことである。確かに，その転換は起こる，しかし，それは機械が改良されてはじめてのことである。ここにも世界の大砂漠を開拓しようとする農業者に極めて役に立つ大領域がある。本章のはじめに述べたように，乾燥農法は適切な機械の欠落のために恐らく50〜100年前には実行できなかったであろう。乾燥農法の将来は，その利潤に関するかぎり，乾燥農法の確定諸原理に応じた土壌耕耘のための新しいそしてよりふさわしい機械の発達にまったく依存している。

　最後に，メリルによってなされた勧告をここで挿入する。最良の仕事をするために，乾燥地農業者は必要なワゴンや手道具に加えて以下の機具を調達すべ

きであった。すなわち，1台の犂，1台のディスク，1台のスムースィング・ハロー，1台の条播機（drill seeder），1台の収穫機ないし穂刈機，1台の草刈機（mowing machine）である。

第16章　灌漑と乾燥農法

　灌漑農法と乾燥農法とはともに通常年雨量が20インチないしそれ以下である諸国の開拓のために案出された農法である。灌漑農法は自ら進んで世界の乾燥地域を開拓できるものではない，というのは乾燥諸国の利用できる水供給によっては，それが最良可能な方法で保持されたとしても，乾いた土地の5分の1より多くが灌漑されえなかったからである。この意味は，灌漑が可能なかぎり高度に発展したとしても，少なくとも合衆国で，灌漑地1エーカーに対して5〜6エーカーの非灌漑ないし乾燥農場農地がある，ということである。それ故に，灌漑が発達したとしても，乾燥農場運動の価値をなくすことはできない。他方，乾燥農法は灌漑農法の発達によって促進される，というのはこれら農法は，乾燥地域を十分に発展させるために，灌漑と乾燥農法とを互いに補完させるという利益によって特徴づけられるからである。

　灌漑下では，同じ作物収量を得るために栽培面積はより少なくてすむ，というのは適切な灌漑下でのエーカー当たり収量が乾燥農法の最も注意深い方式下での最良の収量よりもはるかに高いことが十分に証明されたからである。第2に灌漑農場では，乾燥農場以上に多種類の作物が栽培される。本書で明らかになったように，乾燥農場ではある干魃抵抗性作物 (drouth resistant crops) だけが有利に栽培されるだけである，そしてこれらは粗放的農業のやり方で栽培されなければならない。樹木，多汁野菜そして多種類の小果実を含む生長期間の長い作物は，まだ水が人為的に利用されなければ，乾燥条件下で有利に生育できるようにはなっていなかった。さらに，灌漑地農業者は天候に大きく左右されることはない，それ故に，まったく安心してこの仕事を続けることができる。もちろん，乾燥した年が運河の水の流れに影響を及ぼすことや，ダムや運河壁の頻繁な決壊のためにやけどしそうな暑さに直面した農業者が希望をなくすことはあり得ることである。だが，概して，安心という感情は乾燥地農業者によってよりも灌漑地農業者によってもたれることが多い。

しかし，最も重要なことは人々の気質上の違いである，すなわち，ある人は小面積の灌漑地を集約的に栽培することを好ましいとし，他の人は乾燥農法を粗放的に行うことを好ましいとする。事実，乾燥地域で観察されていることは，人々が，気質上の違いのために，徐々に灌漑地農業者と乾燥地農業者との2階層に分離しつつある，ということである。乾燥農場は必然的に灌漑農場以上により大面積を管理する。土地はより安いが，収量はより低い。適用されるべき方法は粗放的な農法である。投資に対する利潤もまたやや高いようにみえる。旱魃の厳しさに対抗して英知を戦わせることのまさに必要性が乾燥農場に多くの人々を引き付けたようにみえる。徐々に，生育期間ごとに乾燥農場での作物生産の確実性が高まりつつある，そうすると，乾燥地域での2種類の農業間の本質的な違いは集約栽培法と粗放栽培法との違いということになる。人々は個人的な好みに応じてこれらの栽培法の一方ないし他方に引き付けられることになるであろう。

水 の 不 足

乾燥地域にある州（commonwealth）の十分な発達のために，灌漑はもちろんなくてはならないものである，というのは乾燥農法はひとりでに人口の多い都市を創り上げるが，近代家族によって要求された多種類の作物を供給することが難しいことに気付いたからである。事実，現在，乾燥農法の発達に携わった人々の前にある大問題の1つは乾燥農場での家屋敷の造成（development）である。家屋敷の造成は，家計や家畜のために自由に利用できる水が十分にあるところでのみ，可能である。降雨量が大体20インチである乾燥農場地域では，この問題はあまり難しくはない，というのは，簡単に地下水へ到達することができるからである。しかし，降雨量が10〜15インチにすぎないより乾燥した部分では，問題はより深刻である。地域が乾燥農場と呼ばれる条件によって，水の不足が連想させられる。ほとんどの乾燥農場には家計や納屋の要求を満たす水はない。ロッキー山脈関連諸州の数多くの乾燥農場は，最寄りの水源から7〜15マイルのところに造成された，そしてこれら農場の主な造成費は，そこで働く人々や家畜に供給するために農場へ運ばれる水の運搬費であった。もちろ

ん，少なくとも利用できる水供給が十分でなければ，乾燥農場で家屋敷を創設することはできない。そして乾燥農法は，無灌漑で作物を栽培する乾燥地域の農場で幸福な家庭が確立されなければ，決して存在することはできない。乾燥農場での家屋敷の創設を可能にするためには，まず第1に，利用できる水が台所用に十分に調達されなければならない。この量自体は多くないので，この後で明らかとなるように，たいていの場合，獲得される。しかし，家族が快適にすごそうとすれば，家屋敷の周りに，樹木，灌木，草類そして家庭菜園（family garden）があるべきであった。これらのものを確実にするためには，ある量の灌漑水が必要となる。加えて，わずかばかりの灌漑水が供給された結果としてこのような家屋敷が得られた乾燥農場が，売却に際して，等しくすばらしいが，家屋敷を維持できない農場よりもより価値がある。さらに，エーカー当たりより多くの収量が得られるという灌漑の明白な価値のために，農業者が水すべてを灌漑に自在に利用することが望ましくなる。利用できるどんな水も利用されずに流亡することは許されるべきではなかった。

利用できる地表水

乾燥農場の水源は直ちに次の2つと分かる。地表水（surface water）と地下水（subterranean water）である。地表水は，得られるところはどこででも，一般に最も有利なものである。灌漑地域で水を得る最も簡単な方法は灌漑用運河から水を得る方法である。乾燥農場が灌漑用運河上にまた灌漑地に立地している山間地域で，農業者が配管で家屋敷に送水するポンプを利用することによって，運河から少ないけれども十分な量の水を確保することは比較的容易なことである。しかし，灌漑用運河から水供給を受ける乾燥農場地域は極めて限定されるので，問題に関連して本気に考える必要はない。

　より重要な方法は，特に山岳地域で，乾燥農場地域全体にわたって多数見いだされる泉の利用である。しばしばこれらの泉は実にまったく小さい，また，しばしば，丘の側面にトンネルを掘ることによって開発された後でさえ，わずかの流量（flow）しか生じない。だが，この水が家屋敷へ配管で運ばれ，そして小貯水池ないし水溜（みずため；cisterns）に貯えることを許されるならば，

水量は，家族や家畜の要求のためには充分すぎるくらいであり，加えて，芝生，木陰となる樹木，そして庭園を維持して余りあるくらいである。山間地域にいる多くの乾燥地農業者は，実際，価値なしと考えられていた小さな泉から7〜8マイル配管で水を運び，そしてそれによって小村落共同体の基礎を作りあげた。

　自然的に見いだされる泉の利用と恐らく同じく重要であるのは洪水の適切な管理である。以前述べたように，乾燥条件のために，多量の自然の降水は流亡として失われる。乾燥農場地域の極めて多くの部分を特徴づける数多くの小渓谷（gullies）は，洪水の回数や勢いの証拠である。洪水を捕捉するのにふさわしい場所に小貯水池を建造することによって，通常，農業者は家屋敷が要求する水すべてを自ら調達することができるようになるであろう。このための貯水池がすでに数多くアメリカ西部全体に散在して見いだされる。乾燥農法の進展につれて，それらの数も増加する。

　運河も，泉も，洪水も水供給に役に立たないならば，屋根に落ちる水すべてが樋（roof gutters）を通して注意深く保護された水槽あるいは貯水池に集められるように農場建物の屋根に樋を付けることによってある程度水を調達することができる。屋根が降水すべてを水槽に集めるように作られている30×30フィートの家屋は，年に15インチ以下の雨量下で最大約8,800ガロンに及ぶ水量を確保することができる。蒸発という避けがたい浪費を考慮しても，この量は家計や家畜に必要な水の調達としては十分である。極端な場合，その他どんな方法も利用できない場合にだけ頼りにされるべきものであるけれども，このことは極めて満足のいく行為であると考えられた。

　獲得される地表水を必要とされる時期まで保持するために，必ず貯水池が備え付けられなければならない。夏にたえず泉から流れ出る水はある特定期間だけ作物に施用されるべきであった。洪水は，通常，作物生長が活発でなく，灌漑が必要とされない時に起こる。多くの地域の降雨もなんらのあるいはほとんど作物が生長していない時期に最も多くある。それ故に，貯水池は，作物が要求する時期まで水を貯えておくために備え付けられなければならない。セメント製の水槽はまったく一般的である，そして，多くの場所でセメント製の貯水池が有利であると考えられた。その他の場所で，染み込まない粘土の出現によっ

て，貯水池が安く建造されるようになった。長持ちする貯水池を巧みに建造することは，極めて重要な課題である。貯水池の建造は普通一般的な条件を注意深く研究した後に，そしてこの仕事を請負う州役人ないし政府役人の勧告を入れてはじめて着手されるべきであった。一般に，小貯水池の当初建造費は通常やや高い，しかし，それらの恒久的な用役や乾燥農場にとっての水の価値を考慮に入れると，投資に対する利子は相当なものとなる。乾燥地農業者にとってわずかのお金を節約するために，彼がもっている少量の水を貯えるための貯水池の建造を延期することは常に間違いである。恐らく貯水池利用に対する最大の問題はかなり高いコストではなく，それらが通常小規模で水深が浅いので，好都合な条件下でさえ，蒸発によって失われる水の割合が大きすぎる，という事実である。通常，推測されることは，年間を通じて小貯水池に貯えられた水の半分が直接的な蒸発によって失われる，ということである。

利用できる地下水

　地表水が直ちに利用できないところでは，地下水が第1に重要である。一般に知られているように，地表面下，種々の深さのところに，多量の自由水(free water)がある。湿潤気候で生活する人達はしばしば地表皮（earth' crust）に保持された水量を過大評価する，それに対して，乾燥地域で生活する人達がそこで見いだされた水量を過小評価することは恐らくありうることである。事実は，自由水が地表面下いたるところで発見されることであるようである。西部乾燥地域に精通している人達はしばしば最も砂漠地域で水が頻繁にかなり浅いところで見いだされたことに驚いた。地表下にどれくらいの水があるかについて種々の推計が行われた。最近年の計算で恐らく最も信頼に足る計算はフュラー（Fuller）によって行われたものである，そして彼は，複雑きわまる諸要因を注意深く分析した後で，地表皮に保持されている自由水総量が地表面から深さ96フィートにまでおよぶ均一な水膜に等しい，と結論づける。かくして保持された水量は，大洋全水量の約100分の1に等しかった。たとえ乾燥土壌の下にある水膜の厚さがこの数字の半分にすぎないとしても，もしそれに到達することができるならば，その量によって乾燥農場地域全体で家屋敷が建造され

たであろう。当時の主な努力の1つは乾燥農場地域における地下水の存在を確定することであった。

　通常，掘られた井戸はしばしば比較的浅いところで水に届く。栽培されていたユタ州の砂漠で，水はしばしば25〜30フィートの深さで発見される，けれども多くの井戸では，175〜200フィートの深さにまで掘られても水に届くことができなかった。この関連で述べられることは，水に届くまでの距離が短いところでさえ，パイプ井戸が掘井戸より優れていると考えられる，ということである。通常，乾燥農場で，水は100〜1,000フィート以上になるかなり深いところまでへの配管によって得られている。このような深さならば水はほとんど常に発見される。しばしば地質条件は，掘り抜き井戸（artesian well）と同様に水を地上に無理やり持ち上げる，けれども，水を容易に地表でポンプ揚げできるような距離にまで引き上げるための圧力が十分であることが多い。この課題との関連で，乾燥農場地域の地下水の多くが塩辛い，と言われるにちがいない。溶液中に保持されていた物質の量はまったく種々である，しかし，しばしば人間あるいは家畜あるいは作物が安全に利用できる限界をはるかに超えている。それ故に，この種の井戸を確保する乾燥地農業者は，それを通常利用するようになるまえに，水の成分を適切に検査すべきである。

　いま，述べたように，その地域の地下水の利用は乾燥農法の当面する問題の1つである。この水の層を探し出すことは極めて難しく，個人ではできないことである。それはまさに州や国政府が行うべき仕事である。乾燥農場実験にお金をあてることにおいて開拓者であったユタ州は，乾燥農場向けの水を地下水源から確保するためにもお金をあてることにした。仕事は1905年以来ユタ州で進展しつつあった，そして最も見込みのない地域で水が確保された。恐らく最も顕著な事例はネフィーの西15マイルに位置する異常に乾燥したドッグ・バーレイ（Dog Valley）での約550フィートの深さでの水の発見である。

水のポンプ揚げ

　乾燥農場での少量の水の利用は，多くの場合に，適切に水を貯え，配分する小規模なポンプ装置（pumping plants）の利用を伴う。特に，地下水源が利用

されそしてその場合，水を地上に押し上げる水圧が十分でないときはいつでも，ポンプ揚げが頼りにされなければならない。農業のために水をポンプ揚げすることはまったく新しいことではない。フォーティーアによると，カリフォルニア州の井戸からポンプ揚げされた水で，20万エーカーの土地が灌漑されている。合衆国ではポンプ揚げによって75万エーカーの土地が灌漑されている，さらに，ミードの報告によると，インドでは地下水源からポンプ揚げされた水によって1,300万エーカーの土地が灌漑されている。乾燥地農業者はポンプ装置を稼働させるための動力源を選択することができる。風が頻繁でかつ十分強力である地域では，風車は安価であるが効率的な動力を与える，このことは特に汲み上げる距離があまり大きくないところでそうである。ガソリン・エンジンはかなり完成しており，それでガソリン価格が手頃であるところでは経済的に利用される。原油を利用するエンジンは，油田が発見された地域で最も好ましい。農場のくずからアルコールが製造されるようになるにつれて，アルコールを燃料とするエンジンが極めて重要なものになる。乾燥農場地域のほとんどすべてで，石炭が大量に発見されている，そのために石炭を燃料とする蒸気エンジンは灌漑のために水をポンプ揚げすることの重要な要因となる。さらに，乾燥農場地域の山岳部分では，水力が極めて豊富である。いまだその最少部分のみが発電のために利用されているにすぎない。発電の増加につれて，農業者がポンプを作動させるのに十分な電力を確保することは，比較的容易になるはずであった。このことはすでに電力が利用できる地域で確立された行為となっていた。

　過去数年内に，ポンプ揚げによって灌漑用に揚水することの実用化に向けて相当な研究が行われた。フォーティーアの報告では，結果はコロラド州，ワイオミング州そしてモンタナ州で成功であった。彼が言明することは，平均風力が時速10マイルである地域に位置している優良風車によって5エーカーの土地に灌漑するために十分な水が20フィート持ち上げられる，ということである。水が地表面近くにあるところはどこでも，このことは容易に遂行されるべきであった。ニューメキシコ州条件下で仕事をしたヴェルノン（Vernon），ロヴェット（Lovett）およびスコット（Scott）の報告では，灌漑用に地表にまで揚げられた水の利用によって作物が有利に生産された。ニューメキシコ州でこの問題について極めて注意深い実験をしたフレミング（Fleming）とストンキング

(Stoneking) によると，1エーカー・1フィートの深さに相当する水量を1フィート揚げる費用は $1\frac{1}{8}$ ～約29セントであり，平均して10セント強であった。この意味は，1エーカーを1フィートの深さに被覆するに足る水を40フィートの深さから揚げる費用が平均4.36ドルであった，ということである。この費用にはポンプの燃料費や管理費のみならず，装置の実際の減価償却費も含まれている。アリゾナ州条件下で同じ問題を研究したスミスによると，1エーカー・1フィートの水を1フィート揚げる費用は大体17セントであった。この種の極めて入念な研究はカリフォルニア州では Le Conte や Tait によって行われた。彼らはカリフォルニア州条件下で実際に稼働している多数のポンプ装置を研究し，そして，1エーカー・1フィートの水を揚げる総費用がガソリン動力では4セント強，電力では7～16セント，蒸気力では4セント強であると結論づけた。ミードのカンザス州ガーデン・シティ (Garden City) 近くの72基の風車の観察によると，それらはエーカー当たり75セント～6ドルの費用で4分の1～7エーカーを灌漑した。概して，これらの結果から，作物に灌漑するためのポンプ揚水が有利であるという信念が正当化される。乾燥農場では少ない水とはいえ極めて大きな価値があることが考慮されるならば，ここで与えられた数字はまったく大きすぎるとは思われない。もし灌漑水が最良の方法で利用されるべきであるならば，実際，ある種の貯水池がポンプ装置と関連して必要欠くべからざるものであることが再び述べられなければならない。

灌漑における少量の水の利用

いま，確かに言えることは，乾燥農場－そこではポンプ装置などが費用のかかる貯水池といっしょに利用されなければならない－での水のエーカー当たり費用が，水が落差利用運河（gravity canals）から得られるときよりもかなり高い，ということである。それ故に，そのようにして得られた費用のかかる水は最も経済的な方法で利用されなければならない。このことは，乾燥農場で得られた水供給が常にわずかであり，したがって，農業者がしようとしたことすべてのために不十分であるという事実を考慮すると，二重に重要である。実際，水を貯え，ポンプ揚げすることの利益は，大きくは水が作物に対して経済的に

施用されることに依存している。このことによって，科学的な灌漑の第1原理の1つ，すなわち，灌漑された作物の収量は灌漑水として施用された水量とは比例しない，という供述が得られる。換言すれば，春から夏にかけての自然の降水によって土壌中に貯えられた水はわずかばかりの作物を成熟させうるか，作物を成熟へ近づけうるかいずれかである。ふさわしい時に灌漑水の形で追加された少量の水によって，通常，仕事は完全に行われ，その結果，多収で十分に成熟した作物が生産される。灌漑は自然の降水の補完であるべきであった。より多量の灌漑水が追加されたとしても，収量増は利用水量に逆比例してよりわずかとなる。このことはユタ州試験場での灌漑実験のいくつかから得られる第19表によって明白となる。

第19表 種々の灌漑水がエーカー当たり穀物収量に及ぼす影響

灌漑水深	小麦	トウモロコシ	アルファルファー	ポテト	テンサイ
インチ	ブッシェル	ブッシェル	ポンド	ブッシェル	トン
5.0	40	—	—	194	25
7.5	41	65	—	—	—
10.0	41	80	—	213	26
15.0	46	78	—	253	27
25.0	49	77	10,056	258	—
35.0	55	—	9,142	291	26
50.0	60	84	13,061	—	—

土壌はかなり深い典型的な乾燥土壌であり，そして，大量の自然の降水が含まれるように耕耘されていた。すでに土壌に貯えられていた降水への最初の5インチの追加によって，40ブッシェルの小麦が生産された。灌漑水の量をこの倍にしても，わずか41ブッシェルの小麦しか生産されなかった。50インチの灌漑，あるいは40ブッシェルの小麦を生産した5インチの10倍の灌漑によってさえ，わずか60ブッシェルの小麦が生産されたにすぎず，増分はわずか20ブッシェルにすぎなかった。同様な変化は他の作物の場合にも観察される。この重要な灌漑原理から引き出されるべき第1の教訓は，もし土壌が播種時に最大割合の降水を含むように管理されるならば，ーすなわち，もし乾燥農法の通常の方法が行われるならばー極めてわずかの灌漑水で作物は生産される，ということである。第2に言えることは，小麦を栽培する農業者にとって，例えば50インチ

の深さまで1エーカーの土地を水で被覆するよりも5インチの深さまで10エーカーの土地を水で被覆することのほうがはるかに有利であった，というのは，前者の場合の60ブッシェルに対して，後者の場合には400ブッシェルの小麦が生産されるからである。最も経済的な方法で少量の水を思うままに利用したい農業者は乾燥農法に応じて土地を準備し，そして水を思うままにより大きな面積に散布しなければならない。土地は，もし条件が許せば，秋に犂耕されなければならない，そして休閑耕が可能なところはどこでも実行されるべきであった。もし農業者が家庭菜園を休閑にしたくないならば，通常の場合の2倍の間隔をとって条に播種することによってそして作物のすぐそばに灌漑溝を作ることによって良い結果を得ることができる。そのとき，水を最良に利用するために，彼は水が施用されたのち直ちに乾燥した泥で灌漑溝を注意深く被覆し，そして蒸発が最小限に抑えられるように地表面全体を撹拌しなければならない。灌漑という賢明な行為は常に自然の降水の貯えから始まる。それが的確に行われるならば，少量の灌漑水がどのくらい遠くにまで到達させられるかは実際，驚くほどである。

　水不足という条件下で，しばしば有利と見られることは，貯水池から園地までの水の運搬中に浸出（seepage）あるいは蒸発によっていかなる水も失われないように，セメント製管あるいは鉄管で水を園地にまで運ぶ，ということである。しばしば好ましいことは，水が流出し，そして作物根近くの土壌に染み込むように種々の間隔で穴をあけられた地下埋設配管を通して作物に水を運ぶ，ということである。この種の改善された灌漑方法すべては，制限された水供給から最大の結果を得ようと望む農業者によって注意深く研究されるべきであった。このような方法が扱いにくく，当初費用がかかるようにみえるけれども，だがそれらは，もし適切に準備されるならば，操作的にはほとんど自動的であり，したがって，大変有利であると考えられる。

　フォーブス（Fobes）の報告では，長い生育期間および極めて水を消散するアリゾナ州条件下で，少量の水供給を経済的に利用するという最も興味ある実験が行われた。供給源は深さが90フィートある井戸であった。12フィート・ギアの風車によって動かされた3×14インチのポンプ・シリンダーによって，水は18フィートの高さにある容積5,000ガロンの貯水槽にまで引き上げられた。

水は，この貯水槽から水がまかれる樹木から1～2フィートのところに埋められた黒色鉄管を通って運ばれた。直径32分の3インチという鉄管の小穴によって水は好ましい間隔で流出することができた。この灌漑施設はかなりの時間専門家の管理下にあった。そしてその施設によって，1家庭の家事用に十分な水が与えられ，加えて，61本のオリーブ，2本のポプラ（cottonwoods），8本のコショウの木（pepper trees），1本のナツメヤシ（date palm；樹幹が20メートルにも達し，頂上に指を広げたような羽状複葉がある…訳者注），19本のザクロ（pomegranates），4本のブドウ，1本のイチジク（fig tree），9本のユーカリの木（eucalyptus trees；オーストラリア原産の巨木・良材となり，葉から油を製する…訳者注），1本のセイヨウトネリコ（ash）そして13本の雑木，以上，総計87本の有益な樹木，加えて，主に果菜類（fruit-bearing）と32本のつる草と灌木が灌漑された。もしこのような結果がアリゾナ州の乾燥条件下で風車と90フィート下にある水から得られるならば，乾燥農場地域のより大部分で美しい家屋敷のために必要となる十分な水を確保する際にまったく問題はなくされるであろう。

　乾燥地農業者は注意して灌漑を非難しないようにすべきであった。灌漑と乾燥農法は必然的に世界の広大な乾燥地域の発達のために併進しなければならない。地球上の砂漠で偉大な国家を建設するに当たり，いずれもひとりのみではうまくいかないからである。

〈著者紹介〉
佐藤俊夫（さとう　としお）　農学博士（九州大学）
1946年　愛知県一宮市に生まれる。
1969年　岐阜大学農学部農学科（農業経済学専攻）
1974年　九州大学大学院（農学研究科）博士課程修了，九州大学助手・
　　　　鳥取大学助手，助教授を経て
現　職　鳥取大学農学部教授（農業経営情報科学講座）
主要業績
1989年　『農畜産物生産・流通の国際化対応』分担執筆，明文書房
1991年　『イギリス農業経営史論』農林統計協会
1994年　『犂農耕成立起源論』（共訳）農林統計協会
1998年　『現代農業経済問題へのアプローチ』分担執筆，農林統計協会
2001年　『中山間地域農業の支援と政策』分担執筆，農林統計協会
その他論文多数

乾燥地農業論
　　──ウィドソー『乾燥農法論』の現代的意義──

2002年8月20日　初版発行

　　　　　著　者　佐　藤　俊　夫
　　　　　発行者　福　留　久　大
　　　　　発行所　（財）九州大学出版会
　　　　　　　　　〒812-0053　福岡市東区箱崎7-1-146
　　　　　　　　　　　　　　　九州大学構内
　　　　　　　　　　電話　092-641-0515（直通）
　　　　　　　　　　振替　01710-6-3677
　　　　　印刷／㈲レーザーメイト，九州電算㈱　製本／篠原製本㈱

ⓒ2002 Printed in Japan　　　　　　　ISBN4-87378-744-0